从大学生到监理工程师

李燕 编

U0352946

中国建筑工业出版社

图书在版编目(CIP)数据

从大学生到监理工程师/李燕编. —北京：中国建筑工业
出版社，2014.5
ISBN 978-7-112-16519-3

Ⅰ．①从… Ⅱ．①李… Ⅲ．①建筑工程—监理工作
Ⅳ．TU712

中国版本图书馆 CIP 数据核字(2014)第 042073 号

本书依据最新版的《建设工程监理规范》、《建设工程监理合同示范文本》、
《建设工程施工合同示范文本》、《建设工程安全检查评定标准》编写而成，书中
将作为一个监理工程师必须具备的知识介绍给大学生及现场监理工程师，并根据
经验编写了一些常用的监理文件参考范本。
本书适合刚入监理行业的监理工程师以及相关专业高年级大学生阅读。

责任编辑：岳建光　武晓涛
责任设计：张　虹
责任校对：姜小莲　刘梦然

从大学生到监理工程师
李燕　编
*
中国建筑工业出版社出版、发行(北京西郊百万庄)
各地新华书店、建筑书店经销
北京永峥排版公司制版
北京盈盛恒通印刷有限公司印刷厂印刷
*
开本：787×1092 毫米　1/16　印张：11　字数：265 千字
2014 年 10 月第一版　2014 年 10 月第一次印刷
定价：**26.00** 元
ISBN 978-7-112-16519-3
(25373)

前　言

　　对于每个有志成为监理工程师的大学生来说，都必须经历从大学生到监理工程师的成长之路。我也是这样一步一步走过来的。大学毕业后，我从施工技术员做起，历经助理工程师、工程师，再到南下利用三年时间取得全国监理工程师资格证书和一级建造师资格证书，这个过程是漫长而艰苦的。而建筑行业就是如此，要取得相应的资格证书，你才有资格在这个行业执业。但要想一步一个台阶地走下去，则既要有硬件，又要有软件。硬件就是资格证书，而软件就是你的实际工作经验，这两项对一个合格的监理工程师来说缺一不可。

　　本书依据最新版的《建设工程监理规范》、《建设工程监理合同示范文本》、《建设工程施工合同示范文本》、《建设工程安全检查评定标准》编写而成，力求将最新的知识结构介绍给大学生及监理工程师。书中笔者根据经验编写了一些常用的监理文件参考范本，旨在给有志成为监理工程师的大学生形成一个整体的概念，并给现场的监理人员提供一个参考模板。希望本书能够给在校的大学生以及现场的监理人员予以帮助。

　　由于本人的水平有限，文中错漏之处在所难免，恳请各位同行给予批评指正。

目　录

第一章　大学生应了解的相关知识

一、监理工程师的任职资格

作为想从事监理工作的大学毕业生，应该首先了解并掌握监理员、监理工程师、总监理工程师的任职条件，并为其做好相应的准备工作。

1. 监理的概念

工程监理单位受建设单位委托，根据法律法规、工程建设标准、勘察设计文件及合同，在施工阶段对建设工程质量、进度、造价进行控制，对合同、信息进行管理，对工程建设相关方的关系进行协调，并履行建设工程安全生产管理法定职责的服务活动。

2. 注册监理工程师的概念

监理工程师是指经考试取得中华人民共和国监理工程师资格证书，并按相关规定注册，取得《中华人民共和国注册监理工程师注册执业证书》和执业印章，从事工程监理及相关业务活动的专业技术人员。

3. 总监理工程师任职资格

总监理工程师是由工程监理单位法定代表人书面任命，负责履行建设工程监理合同、主持项目监理机构工作的注册监理工程师。

4. 总监理工程师代表任职资格

总监理工程师代表是由总监理工程师授权，代表总监理工程师行使其部分职责和权力，具有工程类注册执业资格或具有中级及以上专业技术职称、3 年及以上工程监理实践经验的监理人员。

5. 专业监理工程师任职资格

专业监理工程师是由总监理工程师授权，负责实施某一专业或某一岗位的监理工作，有相应监理文件签发权，具有工程类注册执业资格或具有中级及以上专业技术职称、2 年及以上工程实践经验的监理人员。

6. 监理员任职资格

监理员是从事具体监理工作，具有中专及以上学历并经过监理业务培训的监理人员。

二、获取全国监理工程师的年限

对于想从事监理工作的大学毕业生来说，要为自己的职业做一个规划，树立要成为总监理工程师的职业目标，有目标才会有动力。那么，首先就需要了解总监理工程师的任职资格。总监理工程师必须是全国注册监理工程师。

（一）全国监理工程师考试报考指南

1. 报考条件

凡中华人民共和国公民，遵纪守法并具备以下条件之一者，均可申请参加全国监理工程师执业资格考试：

（1）工程技术或工程经济专业大专（含大专）以上学历，按照国家有关规定，取得工程技术或工程经济专业中级职务，并任职满 3 年；

（2）按照国家有关规定，取得工程技术或工程经济专业高级职务；

（3）1970 年（含 1970 年）以前工程技术或工程经济专业中专毕业，按照国家有关规定，取得工程技术或工程经济专业中级职务，并任职满 3 年。

2. 考试内容

由中国建设监理协会发布考试大纲。考试设 4 个科目：《建设工程合同管理》、《建设工程质量、投资、进度控制》、《建设工程监理基本理论与相关法规》、《建设工程监理案例分析》。

3. 考试方式

闭卷，笔试。

4. 合格标准

全国统一分数线，允许在两年全部通过四门考试。

（二）从大学生到全国注册监理工程师要走的必经之路

1. 要成为一名全国注册监理工程师，首先要达到一定的工作年限，有一定的相关工作经验，还必须要经过助理工程师，再到工程师及取得全国监理工程师资格证书。

2. 助理工程师及工程师的评定，各个省市各不相同，可以关注各省市的相关职称评审条件，每年都会有评审及考试。中级职称的工程师大都要经过职称英语及计算机的考试，并且有论文发表。

（三）成为全国注册监理工程师的最低年限

一般情况按正常申报条件成为监理工程师的最低年限：

1. 1970 年以后毕业的高中及中专学历人员没有资格成为全国注册监理工程师。

2. 大专毕业满 9 年以上，且取得中级职称满三年，可以通过考试获得全国注册监理工程师资格证书。

3. 本科毕业满 8 年以上，且取得中级职称满三年，可以通过考试获得全国注册监理工程师资格证书。

三、监理工程师素质、实际经验及能力要求

（一）监理工程师的素质要求

1. 较高的理论水平

2. 复合型的知识结构

3. 较高的专业技术水平

4. 丰富的工程建设实践经验

5. 高尚的职业道德

6. 良好的敬业精神

7. 较强的组织协调能力

8. 良好的协作精神

9. 健康的体魄和充沛的精力

10. 较高的外语水平和涉外工作经验

11. 一定的计算机知识

（二）实践经验

1. 地质勘查实践经验

2. 规划实践经验

3. 工程设计实践经验

4. 工程施工实践经验

5. 设计管理实践经验

6. 施工管理实践经验

7. 构件、设备生产管理实践经验

8. 工程经济管理实践经验

9. 招标投标中介方面的实践经验

10. 立项评估、建设评价的实践经验

11. 建设监理实践经验

（三）能力要求

1. 组织协调能力：组织、授权、冲突处理及激励下属的能力。

2. 表达能力：书面和口头表达能力。

3. 管理能力：抓住主要矛盾的能力和工程预见性的能力。

4. 综合解决问题的能力：具备经济、法律、管理、技术方面的知识和能力。

四、项目监理机构的三个层次

1. 决策层：总监理工程师及总监理工程师代表。

依据监理合同的要求和工程项目监理活动与内容进行科学、程序化决策和管理。

2. 中间控制层（执行层）：专业监理工程师。

具体负责监理规划的落实，监理目标控制及合同的实施。

3. 作业层（操作层）：监理员。

具体负责监理工作的操作实施。

五、总监理工程师岗位职责

总监理工程师是工地的灵魂人物。因属于决策层，工地管理得好与不好，很大程度在于总监理工程师的领导和指挥。而一个好的总监理工程师，应该能够胜任总监理工程师的工作，忠实地履行自己的权利与义务。

1. 确定项目监理机构人员及其岗位职责；

2. 组织编制监理规划，审批监理实施细则；

3. 根据工程进展情况安排监理人员进场，检查监理人员工作，调换不称职监理人员；

4. 组织召开监理例会；

5. 组织审核分包单位资格；

6. 组织审查施工组织设计、（专项）施工方案；

7. 审查开复工报审表，签发开工令、工程暂停令和复工令；

8. 组织检查施工单位现场质量、安全生产管理体系的建立及运行情况；

9. 组织审核施工单位的付款申请，签发工程款支付证书，组织审核竣工结算；

10. 组织审查和处理工程变更；

11. 调解建设单位与施工单位的合同争议，处理工程索赔；

12. 组织验收分部工程，组织审查单位工程质量检验资料；

13. 审查施工单位的竣工申请，组织工程竣工预验收，组织编写工程质量评估报告，参与工程竣工验收；

14. 参与或配合工程质量安全事故的调查和处理；

15. 组织编写监理月报、监理工作总结，组织整理监理文件资料。

其中第2、3、6、7、9、11、13、14项工作必须用总监理工程师亲自负责，不得委托给监理工程师负责。

六、专业监理工程师的岗位职责

作为一名监理工程师，必须熟练掌握自己的岗位职责只有这样，才可以根据岗位职责的分工去工作。

1. 参与编制监理规划，负责编制监理实施细则；

2. 审查施工单位提交的涉及本专业的报审文件，并向总监理工程师报告；

3. 参与审核分包单位资格；

4. 指导、检查监理员工作，定期向总监理工程师报告本专业监理工作实施情况；

5. 检查进场的工程材料、设备、构配件的质量；

6. 验收检验批、隐蔽工程、分项工程；参与验收分部工程。

7. 处置发现的质量问题和安全事故隐患；

8. 进行工程计量；

9. 参与工程变更的审查和处理；

10. 组织编写监理日记，参与编写监理月报；

11. 收集、汇总、参与整理监理文件资料；

12. 参与工程竣工预验收和竣工验收。

七、监理员岗位职责

对于准备从事监理工作的大学毕业生来说，要从监理员做起，因此掌握监理员的岗位职责是必须的。

1. 检查施工单位投入工程的人力、主要设备的使用及运行状况；

2. 进行见证取样；

3. 复核工程计量有关数据；

4. 检查工序施工结果；

5. 发现施工作业中的问题，及时指出并向专业监理工程师报告。

八、旁站监理人员的主要职责

大学毕业生大都从监理员做起，而监理员其中的一项工作就是旁站监理。

（一）旁站的内容

旁站监理是在关键部位或关键工序施工过程中，由监理人员在现场进行的监督活动。房屋建筑工程的关键部位或关键工序主要包括以下内容。

1. 基础工程的关键部位或关键工序包括：

（1）土方回填

（2）混凝土浇筑

（3）地下连续墙

（4）土钉墙

（5）后浇带

（6）结构混凝土

（7）防水混凝土

（8）卷材防水的细部构造处理

（9）钢结构安装

2. 主体工程的关键部位或关键工序包括：

（1）梁柱节点钢筋的隐蔽过程

（2）混凝土浇筑

（3）预应力张拉

（4）装配式结构检查

（5）钢结构安装

（6）网架结构

（7）索膜安装

（二）旁站监理人员的岗位职责

1. 检查施工企业现场质量人员到岗、特殊工种人员持证上岗以及施工机械、建筑材料准备情况。

2. 现场跟班监督关键部位、关键工序的施工执行、施工方案以及工程建设强制标准情况。

3. 核查进场建筑材料、建筑构配件、设备和商品混凝土的质量检验报告等，并可以在现场监督施工企业进行检验或者委托具有第三方进行复检。

4. 做好旁站监理记录和监理日记，保存旁站监理原始资料。

九、监理单位与业主及承包商的关系

（一）监理单位与业主的关系

1. 二者是平等的主体关系。

2. 二者是委托与被委托的关系，是授权与被授权的关系。

3. 二者是合同关系。

（二）监理单位与承包商的关系

1. 二者是平等的主体关系。

2. 二者是监理与被监理的关系。

十、监理工程师的道德守则和记录要求

作为一名监理人员，应在利益面前遵守职业道德，公正地做好监理的各项工作。

（一）职业道德守则

1. 维护国家的荣誉和利益，按照"守法、诚信、公正、科学"的准则执业。

2. 努力学习专业技术和建设监理知识，不断提高业务能力和监理水平。

3. 不以个人名义承揽监理业务。

4. 不同时在两个或两个以上监理单位注册和从事监理活动，不在政府部门和施工、材料设备的生产供应商等单位兼职。

5. 不为所监理项目指定承建商、建筑构配件、设备、材料和施工方法。

6. 不收受被监理单位的任何礼金。

7. 不泄露所监理工程各方任务需要保密的事项。

8. 坚持独立自主地开展工作。

（二）工作纪律

1. 遵守国家法律和政府的有关条例、规定和办法等。

2. 认真履行工程建设监理合同所承诺的义务和承担约定的责任。

3. 坚持公正的立场，公平地处理有关各方的争议。

4. 坚持科学的态度和实事求是的原则。

5. 在坚持按监理合同的规定向业主提供技术服务的同时，帮助建设者完成其担负的建设任务。

6. 不以个人名义在报刊上刊登承揽监理业务的广告。

7. 不得损害他人名誉。

8. 不泄露所监理的工程需保密的事项。

9. 不在任何承建商或材料设备供应商中兼职。

10. 不擅自接受业主额外的津贴，也不接受被监理单位任何津贴，更不接受可能导致判断不公的报酬。

十一、从事监理工作的职业规划

如果想在监理行业有所作为，必须要有自己的职业规划，并且坚定地努力走下去，碰到任何困难都要坚持，这样才可以成功。成功是属于那些一直坚持的人。

（一）大学期间打好基础

1. 大学期间打好专业基础。

2. 毕业实习期掌握工程现场的基本建设程序。

3. 毕业实习期掌握监理工作基本的操作程序。

（二）从监理员做起

1. 工作后依据监理规范的要求，从监理员做起，积累现场的实际经验。

2. 考取各种资格证书，将理论知识与实际相结合。

（三）做合格的监理工程师

1. 从理论到实践完全地掌握监理的工作方法并应用自如。

2. 积累各方面的经验。

3. 取得相应的职业证书。

4. 考取全国注册监理工程师。

（四）成为总监理工程师

1. 掌握总监理工程师的领导艺术。

2. 胜任总监理工程师的工作。

3. 能够带领项目团队完成各项监理任务。

十二、从事房建工程监理的必备书

如果所学专业是有关工民建方面的专业，那么在学校已经有了很好的理论基础，到从事房建的工作岗位只要看你如何应用理论知识，如何积累实际工作经验。

如果所学专业不对口，那么首先需要掌握一些基本理论知识。目前我们国家的监理，按行业分为很多种，有建筑工程监理工程师、水利监理工程师、设备监理工程师、公路监理工程师等等。新出台的监理规范，对监理员、监理工程师的资格认证有了新的规定。只要中级以上职称或注册执业资格证书就可以做监理工程师，而必须是全国注册监理工程师才有资格担任总监理工程师。

我觉得想做监理工作，就要从监理员做起，在工作中，把书本中的理论基础知识跟实际结合就可以了。监理方面的书，可以看全国监理工程师的考试教材，还有一些监理实务方面的书籍。这些书看了，并且能够应用，掌控工地应该是没有问题，但前提是，要在工地里摸爬滚打地一步一步走过来。

单纯地从事房建工作，如果是土建专业，最主要的还是推荐看有关房建方面的书：一是《建筑施工手册》，目前已推出新版的合订本，因为手册收集的是所有房建方面的内容，此书在手，你真的是可以万事不求人了，遇到问题就到书中去找答案。二是平法图集，目前施行的有 11G101—1、11G101—2、11G101—3 等平法图集系列，还有一些国家标准图集以及省市的标准图集。掌握平法是看图的关键，只有掌握了平法，才能够看懂图纸。三是验收规范汇编，这是检验是否符合要求的标准。这几本书，你可以在工地做什么就看什么，做到哪里就看到哪里，相信你会有很大的收获。另外有一些现行的技术规程，在工作中要按规程去施工和监理，这也就是行规。还有一些放线、测量及资料，都要学一学。以上是从事技术工作的关键项目。如果以后要做总监理工程师，知识面应该更宽广一点，相关的造价知识和管理知识，也都要学一学。如今，建筑书店里关于建筑监理方面的书也是应有尽有，比如本人编写的《建筑工程监理从入门到精通》，在这里也推荐给大家，希望对有志于从事监理工作的大学生有启发。

十三、工程女生的职业规划

曾经有很多即将踏上工作岗位的女生问我，如何选择工作，如何走好自己未来的建筑之路。跟所有的建筑界的工地里的女士一样，我也是经历了工地里的风风雨雨，一步一步走过来的。这里，我以亲身经历和体验来回答这个问题。

作为工程类的大学毕业生，可以选择的职业方向很多，如设计、监理、施工、业主等等；而要选择什么专业更是应该考虑的问题。我想比较适合女生做的工作，还是造价专业或是资料方面比较好。如果选择了工地现场，比如施工、监理、业主代表，那么就意味着每天要跟工地打交道，一定要有充分的思想准备，因为工地现场这条路充满了泥泞，在这样的岗位要能够吃苦并坚持下去。下面我谈谈工地项目的职业规划。

1. 如果选择监理，都要从监理员做起，如果以后想成为专业监理工程师甚至总监理工程师的话，那就更离不开工地，一步一个台阶地走下去。但是，这个行业女生要付出很大的牺牲，你不可以在工地穿裙子，你不可以太娇气，你不可以遇到困难就放弃。当然，在监理行业也可以选择造价专业，大型的工地是需要一些造价员及造价工程师的。

职业规划可以是：监理员→监理工程师→总监理工程师，或是：造价员→造价工程师→造价方面的主管。

2. 如果选择业主单位，一般需要有一定的现场经验，业主单位很少招聘没有经验的女生。因此，要想成为业主方面的精英，还是要在工地实践经验上多下点功夫。业主方面的造价专业也是很多女生毕业的首要选择，但造价专业同样离不开工地，脱离工地的造价预算都不会是好的预算。

职业规划可以是：造价员→造价工程师，或是：业主代表→业主项目主管→工程部经理→总工（或副总）。

3. 如果选择设计单位，一般需要本科以上文凭，且具备扎实的理论基本功，并根据专业考取结构工程师、建筑师、岩土工程师、电气工程师等注册执业资格证书。职业规划可以是：助理工程师→工程师→设计类的资格证书专业负责人。

4. 如果选择施工单位，可以从资料员或造价员做起，考取建造师资格证书，或造价员、造价工程师。但是施工现场的工作都充满了艰辛，各方面条件更是限制了女生的职业规划。那么，首先必须有足够的心理准备从事这个行业，还要坚定信心地走下去；其次，必须有多年的工地现场经验，才能成为一名合格的项目经理或造价工程师。

职业规划可以是：资料员→施工技术员→项目经理，或是：造价员→造价工程师。

案例 1：从大学毕业生到全国注册监理工程师

按照全国注册监理工程师的报考条件，必须是中级职称以上才可以报考全国注册监理工程师。因此按正常的程序要求，大专毕业最低年限要有 9 年以上才可以报考全国监理工程师资格证书的考试，本科毕业则要 8 年以上才可以报考。

我这里举一个例子，讲述一名大学毕业生如何一步一步地通过努力工作成为总监理工程师。他从大学毕业到考取全国注册监理工程师，仅仅走过了 9 个年头，成为总监理工程师，也只用了 10 年的时间。

我称他为小李，他 2002 年毕业以后，就加入了监理的行业，当时被派到我手下做一名监理员。那时候我是土建监理工程师，小李到工地后不知道从何入手，我就让他从平法入手，并让他拿着图纸到工地去查钢筋。记得正值八月份的酷暑，小李拿着图纸到工地里一根钢筋一根钢筋地检查，对照着刚开始实行的 01 平法，为了让他熟悉资料，我还指导他直接把验收的资料进行填写。同时还让他承担监理员的旁站及材料的见证送样，记录监理日记、旁站记录等工作，这样，他在短短的两个多月的时间里，掌握了熟悉图纸、看图、检查验收钢筋、熟悉监理资料等工作内容。

后来，公司把小李调往另外一个工地，在那个工地里他已经是可以独当一面的监理员了。四年以后，他考取了浙江省的监理工程师，成为一名浙江省监理工程师。

五年以后，为了寻求更好的发展，小李去了施工单位工程部，负责编写施工方案，现场检查工地等工作，在施工技术上完善自己的知识结构。在九年的时间里，小李一步一个台阶，从助理工程师、浙江省监理工程师，再到考取了工程师职称证书，没有落下一步。在成为工程师三年后，他报考了全国注册监理工程师并一次性通过，获得了全国监理工程师的资格证书，这对他又是一次飞跃。他重新选择了监理的工作，应聘为一家公司的总监理工程师。在这期间，他考取了二级建造师。

2013 年底，小李又考取了一级建造师并通过了高级工程师的评审。他所走的路，为大学生做出了榜样，证明大学生的路是可以规划的。这个时代，只有不停地努力从理论到实践去学习，梦想才会实现，小李正是用他的行动实现了自己的梦想。

案例 2：从专业不对口到监理工程师

在高考填报志愿的时候，很多人并不知道自己应该选择什么样的工作，也并不明确给自己未来定位的工作是什么，大部分都是凭着感觉走。而毕业以后，到了找工作，或者找到工作以后才知道，现实跟自己的理想很远，盲目地干起自己不喜欢的工作。

一个人干自己不喜欢的工作，是毫无激情可言的，并且处于极其被动的状态中工作，因此也就很难在这项工作中找到快乐。

对于全国注册监理工程师而言，按照国家有关规定，报考条件是工程技术或工程经济专业大专（含大专）以上学历，取得工程技术或工程经济专业中级职务，并任职满 3 年。因此，只要跟工程相关的技术或经济专业的毕业生都可以在未来的努力中成为全国注册监理工程师。现实中，有些人没能从事专业很对口的工作，比如一个学经济管理的大学毕业生进了监理行业，到现场从一名监理员做起，而这又意味着要从头学起。

其实，专业跟现场的实际操作不对口，并不太影响其工作。很多时候，靠现场的努力学习一样能够具备熟悉监理业务的能力。

曾经我负责总监的项目工地上有一个监理员小王，他是智能化专业本科毕业。在监理公司中，用智能化专业的监理员或监理工程师还比较少见，毕竟监理还没有那么完善。监理公司大都会把刚刚入门的人员按照安装专业或土建专业来对待，所以要求监理人员是个全才。

小王就是这样，他来了以后，刚开始是做了一段时间的安装监理员，后来又改为了土建监理员。他个人比较喜欢土建专业，因而，没过多久，他就自费报了一个土建的本科专业，并在实际工作中多看多听多学，又根据浙江省及宁波地区关于监理工程师考试的有关规定考取了相应的监理工程师证书。经过几年，专业对口的土建专业本科文凭也拿到手。经过这样几年的积累，再与他聊起工地的技术问题时，跟之前的小伙子判若两人，说得有条有理。从监理员、专业监理工程师，到二级建造师，再到总监代表，他从一个专业不对口的外行，变成了内行，并且已经考取了工程师职称。他还打算 2015 年报考全国注册监理工程师。

从在施工单位做智能化专业工作，到在监理公司成为总监理工程师代表，小王只用了 7 年的时间。而他还在不断地学习，我相信，他经过自己的努力，考取全国注册监理工程师资格证书是没有问题的。

从这个实例可以看出，只要是工程和经济相关专业的大学毕业生，在现实中专业不对口并不是障碍，多花些时间去掌握理论与现场的经验，你一样可以做得很好，一样可以慢慢地成为一名全国注册监理工程师和总监理工程师。

案例 3：三年成为优秀监理员

从大学生到一名优秀的监理员，到底要走多久的路？只要三年的努力学习，就会成为一名优秀的监理员。

小卢，从大学毕业到成为一名优秀的监理员，走了三年的路程，而这一步一步他迈得很踏实。

毕业后，小卢来到了工地，我有幸成了他的师傅。刚刚从大学校门走出来的大学生，往往不知道自己应该从哪里入门，如何入门。于是，我给小卢设定了几个入门的步骤。

首先，利用两、三个月的时间熟悉平法，达到熟练看图的目标。在每天看图看平法的基础上，去现场做监理员的工作，包括巡视、检查、旁站、见证、现场原始凭证的取证，写监理日记，写旁站记录等等。小卢入门很快，短短的两个多月，就熟悉了平法大致的一些要求内容，并且初步掌握了监理员的工作岗位职责。

第二步，对照图纸到现场去检查钢筋，学与用相结合。这样，小卢很快掌握了验收钢筋的要求。

第三步，按照监理工程师的标准来要求他，做些监理工程师应该做的工作，把监理员的工作提高一个层次。小卢按要求做得很好，从原始凭证到检查验收，完全可以达到监理工程师的要求。

第四步，指导监理业务的学习，学习全国注册监理工程师以及二级建造师的考试教材，并让其报考二级建造师。

第五步，不计较报酬，做一个完整的工地。小卢刚刚毕业的时候，工地的桩基已经打完，因而，他在桩基一项应该是个空白点。此时恰巧工地边上有一个地下停车场的工地，我又让其代管了这个工地的打桩工程监理。这样，他从桩基开始，到地下室，到主体，到幕墙监理，再到后续的精装修工程，直到最后的景观绿化工程，小卢从头到尾地参与了一个完整项目的监理工作。由于监理员的工资不高，这期间有的监理员跳槽了，而他却坚守到最后。对于年轻人来说，这三年的工地锻炼对自己业务水平的提高很有益处，并且这个知识是无价的。

监理员的工作的确是比较辛苦的，很多旁站的项目，都是晚上旁站。而在小卢刚刚来到工地时，我就跟他说要干建筑事业必须要能够吃苦，如果吃不了苦，你还是趁早换行业。小卢确实是把这话听了进去，工作中从来都不讲价钱，任劳任怨，有时候工地资料员偶有脱岗的情况，小卢就及时地把资料员的工作担负了起来。此外，工地根据人员进行了分工，很多原本是由监理工程师做的工作，也都安排部分监理员去承担，小卢从来不讨价还价，因而，他的业务水平有了很大提高。去年底，小卢被评为公司的优秀监理员，完成了由一名大学生到一名优秀监理员的蜕变过程。现在的小卢，已经成为一名完全可以独当一面的监理员。经历了严格的业主管理，从桩基工程，地下室深基坑工程，主体工程，高层建筑工程，安全监理控制，直到精装修工程，他的技术经历已经比较齐全，2013 年底小卢考取了浙江省监理工程师。

很多混日子的监理员，毕业后五年甚至更长的时间，还是脑海空空如也，把自己的大好青春都浪费了，如此虚度光阴实在可惜。

监理行业就像台阶，你必须一步一步地走上去，必须要经历监理员、监理工程师、总监理工程师三个步骤，扎实基础，踏实肯干，刻苦学习，能够吃苦，这是成为一名优秀监理工程师的最起码的基本功。相信在不久的将来，小卢会成为一名优秀的监理工程师。

第二章　监理业务入门

本章依据《建筑工程监理规范》GB/T 50319—2013 编写，监理人员在实际工作过程中必须全面和深刻理解规范的全部内容，并将规范作为工作依据，并根据地方的具体规定执行，这样才可以根据规范做好自己的监理工作。

一、监理规划

1. 监理规划可在签订建设工程监理合同及收到工程设计文件后由总监理工程师组织编制，并应在召开第一次工地会议前报建设单位。

2. 监理规划编审应遵循下列程序：

（1）总监理工程师组织专业监理工程师编制。

（2）总监理工程师签字后由工程监理单位技术负责人审批。

3. 监理规划应包括下列主要内容：

（1）工程概况。

（2）监理工作的范围、内容、目标。

（3）监理工作依据。

（4）监理组织形式、人员配备及进退职责。

（5）监理工作制度。

（6）工程质量控制。

（7）工程造价控制。

（8）工程进度控制。

（9）安全生产管理的监理工作。

（10）合同与信息管理。

（11）组织协调。

（12）监理工作设施。

4. 在实施建设工程监理过程中，实际情况或条件发生变化而需调整监理规划时，应由总监理工程师组织专业监理工程师修改，并应经工程监理单位技术负责人批准后报建设单位。

二、监理实施细则

1. 对专业性较强、危险性较大的分部分项工程，项目监理机构应编制监理实施细则。

2. 监理实施细则应在相应工程施工开始前由专业监理工程师编制，并应报总监理工程师审批。

3. 监理实施细则的编制应依据下列资料：

（1）监理规划。

（2）工程建设标准、工程设计文件。

（3）施工组织设计、（专项）施工方案。

4. 监理实施细则应包括下列主要内容：

（1）专业工程特点。

（2）监理工作流程。

（3）监理工作要点。

（4）监理工作方法及措施。

5. 在实施建设工程监理过程中，监理实施细则可根据实际情况进行补充、修改，并应经总监理工程师批准后实施。

三、工地会议

1. 监理人员应熟悉工程设计文件，并应参加建设单位主持的图纸会审和设计交底会议，会议纪要应由总监理工程师签认。

2. 工程开工前，监理人员参加由建设单位主持召开的第一次工地会议，会议纪要由项目监理机构负责整理，与会各方代表会签。

3. 项目监理机构应定期召开监理例会，并组织有关单位研究解决与监理相关的问题。项目监理机构可根据工程需要，主持或参加专题会议，解决监理工作范围内工程专项问题。

4. 监理例会以及由项目监理机构主持召开的专题会议的会议纪要，应由项目监理机构负责整理，与会各方代表应会签。

四、工作联系单

项目监理机构应协调工程建设相关方的关系。项目监理机构与工程建设相关方之间的工作联系，除另有规定外宜采用工作联系单形式进行。

五、施工组织设计的审查

1. 项目监理机构应审查施工单位报审的施工组织设计，符合要求时，应由总监理工程师签认后报建设单位。项目监理机构应要求施工单位按已批准的施工组织设计组织施工。施工组织设计需要调整时，项目监理机构应按要求重新进行审查。

2. 施工组织设计审查应包括下列基本内容：

（1）编审程序应符合相关规定。

（2）施工进度、施工方案及工程质量保证措施应符合施工合同要求。

（3）资金、劳动力、材料、设备等资源供应计划应满足工程施工需要。

（4）安全技术措施应符合工程建设强制性标准。

（5）施工总平面布置应科学合理。

六、分包单位的审查

1. 分包工程开工前，项目监理机构应审查施工单位报送的分包单位报审表，专业监理工程师提出审查意见后，应由总监理工程师审核签认。

2. 分包单位资格审核包括的基本内容：

（1）营业执照、企业资质等级证书。

（2）安全生产许可文件。

（3）类似工程业绩。

（4）专职管理人员和特种作业人员的资格。

七、工程质量控制

（一）开工前的审查

1. 总监理工程师应组织专业监理工程师审查施工单位报送的工程开工报审表及相关资料。

2. 开工的条件：

（1）设计交底和图纸会审已完成。

（2）施工组织设计已由总监理工程师签认。

（3）施工单位现场质量、安全生产管理体系已建立，管理及施工人员已到位，施工机械具备使用条件，主要工程材料已落实。

（4）进场道路及水、电、通信等已满足开工要求。

3. 由总监理工程师签署审核意见，并应报建设单位批准后，总监理工程师签发工程开工令。

（二）分包工程开工审核

1. 分包工程开工前，项目监理机构应审查施工单位报送的分包单位资格报审表，专业监理工程师提出审查意见后，应由总监理工程师审核签认。

2. 分包单位资格审核应包括下列基本内容：

（1）营业执照、企业资质等级证书。

（2）安全生产许可文件。

（3）类似工程业绩。

（4）专职管理人员和特种作业人员的资格。

（三）开工前的预控

1. 工程开工前，项目监理机构应审查施工单位现场的质量管理组织机构、管理制度及专职管理人员和特种作业人员的资格。

2. 总监理工程师应组织专业监理工程师审查施工单位报审的施工方案，符合要求后应予以签认。

3. 施工方案审查应包括下列基本内容：

（1）编审程序应符合相关规定。

（2）工程质量保证措施应符合有关标准。

4. 专业监理工程师应审查施工单位报送的新材料、新工艺、新技术、新设备的质量认证材料和相关验收标准的适用性，必要时，应要求施工单位组织专题论证，审查合格后报总监理工程师签认。

（四）工程的过程控制

1. 专业监理工程师应检查、复核施工单位报送的施工控制测量成果及保护措施，签署意见。专业监理工程师应对施工单位在施工过程中报送的施工测量放线成果进行查验。

2. 施工控制测量成果及保护措施的检查、复核，应包括下列内容：

（1）施工单位测量人员的资格证书及测量设备检定证书。

（2）施工平面控制网、高程控制网和临时水准点的测量成果及控制桩的保护措施。

（五）试验室的检查

1. 专业监理工程师应检查施工单位为工程提供服务的试验室。

2. 试验室的检查应包括下列内容：

（1）试验室的资质等级及试验范围。

（2）法定计量部门对试验设备出具的计量检定证明。

（3）试验室管理制度。

（4）试验人员资格证书。

（六）材料、构配件及设备的检查

1. 项目监理机构应审查施工单位报送的用于工程的材料、构配件、设备的质量证明文件，并应按有关规定、建设工程监理合同约定，对用于工程的材料进行见证取样、平行检验。

2. 项目监理机构对已进场经检验不合格的工程材料、构配件、设备，应要求施工单位限期将其撤出施工现场。

3. 专业监理工程师应审查施工单位定期提交影响工程质量的计量设备的检查和鉴定报告。

（七）旁站

项目监理机构应根据工程特点和施工单位报送的施工组织设计，确定旁站的关键部位、关键工序，安排监理人员进行旁站，并应及时记录旁站情况。

（八）巡视

1. 项目监理机构应安排监理人员对工程施工质量进行巡视。

2. 巡视应包括下列主要内容：

（1）施工单位是否按工程设计文件、工程建设标准和批准的施工组织设计、（专项）施工方案施工。

（2）使用的工程材料、构配件和设备是否合格。

（3）施工现场管理人员，特别是施工质量管理人员是否到位。

（4）特种作业人员是否持证上岗。

（九）平行检验

项目监理机构应根据工程特点、专业要求，以及建设工程监理合同约定，对施工质量进行平行检验。

（十）验收

1. 项目监理机构应对施工单位报验的隐蔽工程、检验批、分项工程和分部工程进行验收，对验收合格的应给予签认；对验收不合格的应拒绝签认，同时应要求施工单位在指定的时间内整改并重新报验。

2. 对已同意覆盖的工程隐蔽部位质量有疑问的，或发现施工单位私自覆盖工程隐蔽部位的，项目监理机构应要求施工单位对该隐蔽部位进行钻孔探测、剥离或其他方法进行重新检验。

（十一）质量问题处理

1. 项目监理机构发现施工存在质量问题的，或施工单位采用不适当的施工工艺，或施工不当，造成工程质量不合格的，应及时签发监理通知单，要求施工单位整改。整改完毕后，项目监理机构应根据施工单位报送的监理通知回复单对整改情况进行复查，提出复查意见。

2. 对需要返工处理或加固补强的质量缺陷，项目监理机构应要求施工单位报送经设计等相关单位认可的处理方案，并应对质量缺陷的处理过程进行跟踪检查，同时应对处理结果进行验收。

3. 项目监理机构应及时向建设单位提交质量事故书面报告，并应将完整的质量事故处理记录整理归档。

（十二）竣工验收

1. 项目监理机构应审查施工单位提交的单位工程竣工验收报审表及竣工资料，组织工程竣工预验收。存在问题的，应要求施工单位及时整改；合格的，总监理工程师应签认单位工程竣工验收报审表。

2. 工程竣工预验收合格后，项目监理机构应编写工程质量评估报告，并应经总监理工程师和工程监理单位技术负责人审核签字后报建设单位。

3. 项目监理机构应参加由建设单位组织的竣工验收，对验收中提出的整改问题，应督促施工单位及时整改。工程质量符合要求的，总监理工程师应在工程竣工验收报告中签署意见。

八、工程造价控制

（一）工程计量和付款签证

1. 专业监理工程师对施工单位在工程款支付报审表中提交的工程量和支付金额进行复核，确定实际完成的工程量，提出到期应支付给施工单位的金额，并提出相应的支持性材料。

2. 总监理工程师对专业监理工程师的审查意见进行审核，签认后报建设单位审批。

3. 总监理工程师根据建设单位的审批意见，向施工单位签发工程款支付证书。

4. 项目监理机构应编制月完成工程量统计表，对实际完成量与计划完成量进行比较分析，发现偏差的，应提出调整建议，并应在监理月报中向建设单位报告。

（二）竣工结算款审核

1. 专业监理工程师审查施工单位提交的竣工结算款支付申请，提出审查意见。

2. 总监理工程师对专业监理工程师的审查意见进行审核，签认后报建设单位审批，同时抄送施工单位，并就工程竣工结算事宜与建设单位、施工单位协商；达成一致意见的，根据建设单位审批意见向施工单位签发竣工结算款支付证书；不能达成一意见的，应按施工合同约定处理。

九、工程进度控制

1. 项目监理机构应审查施工单位报审的施工总进度计划和阶段性施工进度计划，提出审查意见，并应由总监理工程师审核后报建设单位。

2. 施工进度计划审查应包括下列基本内容：

（1）施工进度计划应符合施工合同中工期的约定。

（2）施工进度计划中主要工程项目无遗漏，应满足分批投入试运、分批动用的需要，阶段性进度计划应满足总进度控制目标的要求。

（3）施工顺序的安排应符合施工工艺要求。

（4）施工人员、工程材料、施工机械等资源供应计划应满足施工进度计划的需要。

（5）施工进度计划应符合建设单位提供的资金、施工图纸、施工场地、物资等施工条件。

3. 项目监理机构应检查施工进度计划的实施情况，发现实际进度严重滞后于计划进度且影响合同工期时，应签发监理通知单，要求施工单位采取调整措施加快施工进度。总监理工程师应向建设单位报告工期延误风险。

4. 项目监理机构应比较分析工程施工实际进度与计划进度，预测实际进度对工程总工期的影响，并应在监理月报中向建设单位报告工程实际进展情况。

十、项目监理部对安全生产的管理

1. 项目监理机构应根据法律法规、工程建设强制性标准，履行建设工程安全生产管理的监理职责，并应将安全生产管理的监理工作内容、方法和措施纳入监理规划及监理实施细则。

2. 项目监理机构应审查施工单位现场安全生产规章制度的建立和实施情况，并应审查施工单位安全生产许可证及施工单位项目经理、专职安全生产管理人员和特种作业人员的资格，同时应核查施工机械和设施的安全许可验收手续。

3. 项目监理机构应审查施工单位报审的专项施工方案，符合要求的，应由总监理工程师签认后报建设单位。超过一定规模的危险性较大的分部分项工程的专项施工方案，应检查施工单位组织专家进行论证、审查的情况，以及是否附具安全验算结果。

4. 项目监理机构应要求施工单位按已批准的专项施工方案组织施工。专项施工方案需监理机构审查。

5. 专项施工方案审查应包括下列基本内容：

（1）编审程序应符合相关规定。

（2）安全技术措施应符合工程建设强制性标准。

6. 项目监理机构应巡视检查危险性较大的分部分项工程专项施工方案实施情况。发现未按专项施工方案实施时，应签发监理通知单，要求施工单位按专项施工方案实施。

7. 项目监理机构在实施监理过程中，发现工程存在安全事故隐患时，应签发监理通知单，要求施工单位整改；情况严重时，应签发工程暂停令，并应及时报告建设单位。施工单位拒不整改或不停止施工时，项目监理机构应及时向有关主管部门报送监理报告。

十一、工程暂停及复工处理

1. 总监理工程师在签发工程暂停令时，可根据停工原因的影响范围和影响程度，确定停工范围，并应按施工合同和建设工程监理合同的约定签发工程暂停令。

2. 项目监理机构发现下列情况之一时，总监理工程师应及时签发工程暂停令：

（1）建设单位要求暂停施工且工程需要暂停施工。

（2）施工单位未经批准擅自施工或拒绝项目监理机构管理的。

（3）施工单位未按审查通过的工程设计文件施工的。施工单位违反工程建设强制性标准的。施工存在重大质量、安全事故隐患或发生质量、安全事故的。

3. 总监理工程师签发工程暂停令应事先征得建设单位同意，在紧急情况下未能事先报告时，应在事后及时向建设单位作出书面报告。

4. 暂停施工事件发生时，项目监理机构应如实记录所发生的情况。

5. 总监理工程师应会同有关各方按施工合同约定，处理因工程暂停引起的与工期、费用有关的问题。

6. 因施工单位原因暂停施工时，项目监理机构应检查、验收施工单位的停工整改过程、结果。

7. 当暂停施工原因消失、具备复工条件时，施工单位提出复工申请的，项目监理机构应审查施工单位报送的工程复工报审表及有关材料，符合要求后，总监理工程师应及时签署审查意见，并应报建设单位批准后签发工程复工令；施工单位未提出复工申请的，总监理工程师应根据工程实际情况指令施工单位恢复施工。

十二、工程变更处理

1. 工程变更的处理程序：

（1）总监理工程师组织专业监理工程师审查施工单位提出的工程变更申请，提出审查意见。对涉及工程设计文件修改的工程变更，应由建设单位转交原设计单位修改工程设计文件。必要时，项目监理机构应建议建设单位组织设计、施工等单位召开论证工程设计文件的修改方案的专题会议。

（2）总监理工程师组织专业监理工程师对工程变更费用及工期影响作出评估。

（3）总监理工程师组织建设单位、施工单位等共同协商确定工程变更费用及工期变化，会签工程变更单。项目监理机构根据批准的工程变更文件监督施工单位实施工程变更。

2. 项目监理机构可在工程变更实施前与建设单位、施工单位等协商确定工程变更的计价原则、计价方法或价款。

3. 建设单位与施工单位未能就工程变更费用达成协议时，项目监理机构可提出一个暂定价格并经建设单位同意，作为临时支付工程款的依据。工程变更款项最终结算时，应以建设单位与施工单位达成的协议为依据。

4. 项目监理机构可对建设单位要求的工程变更提出评估意见，并应督促施工单位按会签后的工程变更单组织施工。

十三、费用索赔处理

1. 项目监理机构应及时收集、整理有关工程费用的原始资料，为处理费用索赔提供证据。

2. 项目监理机构处理费用索赔的主要依据应包括下列内容：

（1）法律法规。

（2）勘察设计文件、施工合同文件。

（3）工程建设标准。

（4）索赔事件的证据。

3. 项目监理机构可按下列程序处理施工单位提出的费用索赔：

（1）受理施工单位在施工合同约定的期限内提交的费用索赔意向通知书。

（2）收集与索赔有关的资料。

（3）受理施工单位在施工合同约定的期限内提交的费用索赔报审表。

（4）审查费用索赔报审表。需要施工单位进一步提交详细资料时，应在施工合同约定的期限内发出通知。

（5）与建设单位和施工单位协商一致后，在施工合同约定的期限内签发费用索赔报审表，并报建设单位。

4. 项目监理机构批准施工单位费用索赔应同时满足下列条件：

（1）施工单位在施工合同约定的期限内提出费用索赔。

（2）索赔事件是因非施工单位原因造成，且符合施工合同约定。

（3）索赔事件造成施工单位直接经济损失。

5. 当施工单位的费用索赔要求与工程延期要求相关联时，项目监理机构可提出费用索赔和工程延期的综合处理意见，并应与建设单位和施工单位协商。

6. 因施工单位原因造成建设单位损失，建设单位提出索赔时，项目监理机构应与建设单位和施工单位协商处理。

十四、工程延期及工期延误处理

1. 施工单位提出工程延期要求符合施工合同约定时，项目监理机构应予以受理。

2. 当影响工期事件具有持续性时，项目监理机构应对施工单位提交的阶段性工程临时延期报审表进行审查，并应签署工程临时延期审核意见后报建设单位。

3. 当影响工期事件结束后，项目监理机构应对施工单位提交的工程最终延期报审表进行审查，并应签署工程最终延期审核意见后报建设单位。

4. 项目监理机构在批准工程临时延期、工程最终延期前，均应与建设单位和施工单位协商。

5. 项目监理机构批准工程延期应同时满足下列条件：

（1）施工单位在施工合同约定的期限内提出工程延期。

（2）因非施工单位原因造成施工进度滞后。

（3）施工进度滞后影响到施工合同约定的工期。

6. 施工单位因工程延期提出费用索赔时，项目监理机构可按施工合同约定进行处理。

7. 发生工期延误时，项目监理机构应按施工合同约定进行处理。

十五、施工合同争议的处理

1. 项目监理机构处理施工合同争议时应进行下列工作：

（1）了解合同争议情况。

（2）及时与合同争议双方进行磋商。

（3）提出处理方案后，由总监理工程师进行协调。

（4）当双方未能达成一致时，总监理工程师应提出处理合同争议的意见。

2. 项目监理机构在施工合同争议处理过程中，对未达到施工合同约定的暂停履行合同条件的，应要求施工合同双方继续履行合同。

3. 在施工合同争议的仲裁或诉讼过程中，项目监理机构应按仲裁机关或法院要求提供与争议有关的证据。

十六、施工合同的解除处理

1. 因建设单位原因导致施工合同解除时，项目监理机构应按施工合同约定与建设单位和施工单位按下列款项协商确定施工单位应得款项，并应签发工程款支付证书：

（1）施工单位按施工合同约定已完成的工作应得款项。

（2）施工单位按批准的采购计划订购工程材料、构配件、设备的款项。

（3）施工单位撤离施工设备至原基地或其他目的地的合理费用。

（4）施工单位人员的合理遣返费用。

（5）施工单位合理的利润补偿。

（6）施工合同约定的建设单位应支付的违约金。

2. 因施工单位原因导致施工合同解除时，项目监理机构应按施工合同约定，从下列款项中确定施工单位应得款项或偿还建设单位的款项，并应与建设单位和施工单位协商后，书面提交施工单位应得款项或偿还建设单位款项的证明：

（1）施工单位已按施工合同约定实际完成的工作应得款项和已给付的款项。

（2）施工单位已提供的材料、构配件、设备和临时工程等的价值。

（3）对已完工程进行检查和验收、移交工程资料、修复已完工程质量缺陷等所需的费用。

(4) 施工合同约定的施工单位应支付的违约金。

3. 因非建设单位、施工单位原因导致施工合同解除时，项目监理机构应按施工合同约定处理合同解除后的有关事宜。

十七、监理文件资料内容

1. 勘察设计文件、建设工程监理合同及其他合同文件。

2. 监理规划、监理实施细则。

3. 设计交底和图纸会审会议纪要。

4. 施工组织设计、（专项）施工方案、施工进度计划报审文件资料。

5. 分包单位资格报审文件资料。

6. 施工控制测量成果报验文件资料。

7. 总监理工程师任命书，工程开工令、暂停令、复工令，工程开工或复工报审文件资料。

8. 工程材料、构配件、设备报验文件资料。

9. 见证取样和平行检验文件资料。

10. 工程质量检查报验资料及工程有关验收资料。

11. 工程变更、费用索赔及工程延期文件资料。

12. 工程计量、工程款支付文件资料。

13. 监理通知单、工作联系单与监理报告。

14. 第一次工地例会、监理例会、专题会议等会议纪要。

15. 监理月报、监理日志、旁站记录。

16. 工程质量或生产安全事故处理文件资料。

17. 工程质量评估报告及竣工验收监理文件资料。

18. 监理工作总结。

十八、监理日记的主要内容

1. 天气和施工环境情况。

2. 当日施工进展情况。

3. 当日监理工作情况，包括旁站、巡视、见证取样、平行检验等情况。

4. 当日存在的问题及处理情况。

5. 其他有关事项。

十九、监理月报的主要内容

1. 本月工程实施情况。

2. 本月监理工作情况。

3. 本月施工中存在的问题及处理情况。
4. 下月监理工作重点。

二十、监理工作总结的主要内容

1. 工程概况。
2. 项目监理机构。
3. 建设工程监理合同履行情况。
4. 监理工作成效。
5. 监理工作中发现的问题及其处理情况。
6. 说明和建议。

二十一、设备采购监理内容

1. 采用招标方式进行设备采购时，项目监理机构应协助建设单位按有关规定组织设备采购招标。
2. 采用其他方式进行设备采购时，项目监理机构应协助建设单位进行询价。
3. 项目监理机构应协助建设单位进行设备采购合同谈判，并应协助签订设备采购合同。
4. 设备采购文件资料应包括下列主要内容：
（1）建设工程监理合同及设备采购合同。
（2）设备采购招投标文件。
（3）工程设计文件和图纸。
（4）市场调查、考察报告。
（5）设备采购方案。
（6）设备采购工作总结。

二十二、设备监造监理内容

1. 项目监理机构应检查设备制造单位的质量管理体系，并应审查设备制造单位报送的设备制造生产计划和工艺方案。
2. 项目监理机构应审查设备制造的检验计划和检验要求，并应确认各阶段的检验时间、内容、方法、标准，以及检测手段、检测设备和仪器。
3. 专业监理工程师应审查设备制造的原材料、外购配套件元器件、标准件，以及坯料的质量证明文件及检验报告，并应查设备制造单位提交的报验资料，符合规定时应予以签认。
4. 项目监理机构应对设备制造过程进行监督和检查，对主要及关键零部件的制造工序应进行抽检。
5. 项目监理机构应要求设备制造单位按批准的检验计划和检验要求进行设备制造过

程的检验工作，并应做好检验记录。

6. 项目监理机构应对检验结果进行审核，认为不符合质量要求时，应要求设备制造单位进行整改、返修或返工。

7. 当发生质量失控或重大质量事故时，应由总监理工程师签发暂停令，提出处理意见，并应及时报告建设单位。

8. 项目监理机构应检查和监督设备的装配过程。

9. 在设备制造过程中如需要对设备的原设计进行变更时，项目监理机构应审查设计变更，并应协调处理因变更引起的费用和工期调整，同时应报建设单位批准。

10. 项目监理机构应参加设备整机性能检测、调试和出厂验收，符合要求后应予以签认。

11. 在设备运往现场前，项目监理机构应检查设备制造单位对待运设备采取的防护和包装措施，并应检查是否符合运输、装卸、储存、安装的要求，以及随机文件、装箱单和附件是否齐全。

12. 设备运到现场后，项目监理机构应参加设备制造单位按合同约定与接收单位的交接工作。

13. 专业监理工程师应按设备制造合同的约定审查设备制造单位提交的付款申请，提出审查意见，并应由总监理工程师审核后签发支付证书。

14. 专业监理工程师应审查设备制造单位提出的索赔文件，提出意见后报总监理工程师，并应由总监理工程师与建设单位、设备制造单位协商一致后签收意见。

15. 专业监理工程师应审查设备制造单位报送的设备制造结算文件，提出审查意见，并应由总监理工程师签署意见后报建设单位。

二十三、设备监造文件资料的主要内容

1. 建设工程监理合同及设备采购合同。
2. 设备监造工作计划。
3. 设备制造工艺方案报审资料。
4. 设备制造的检验计划和检验要求。
5. 分包单位资格报审资料。
6. 原材料、零配件的检验报告。
7. 工程暂停令、开工或复工报审资料。
8. 检验记录及试验报告。
9. 变更资料。
10. 会议纪要。
11. 来往函件。
12. 监理通知单与工作联系单。
13. 监理日志。
14. 监理月报。
15. 质量事故处理文件。

16. 索赔文件。

17. 设备验收文件。

18. 设备交接文件。

19. 支付证书和设备制造结算审核文件。

20. 设备监造工作总结。

二十四、工程勘察设计监理有关内容

1. 工程监理单位应协助建设单位编制工程勘察设计任务书和选择工程勘察设计单位，并应协助签订工程勘察设计合同。

2. 工程监理单位应审查勘察单位提交的勘察方案，提出审查意见，并应报建设单位。变更勘察方案时，应按原程序重新审查。

3. 工程监理单位应检查勘察现场及室内试验主要岗位操作人员的资格，及所使用设备、仪器计量的检定情况。

4. 工程监理单位应检查勘察进度计划执行情况、督促勘察单位完成勘察合同约定的工作内容、审核勘察单位提交的勘察费用支付申请表，以及签发勘察费用支付证书，并应报建设单位。

5. 工程监理单位应检查勘察单位执行勘察方案的情况，对重要点位的勘探与测试应进行现场检查。

6. 工程监理单位应审查勘察单位提交的勘察成果报告，并应向建设单位提交勘察成果评估报告，同时应参与勘察成果验收。

7. 勘察成果评估报告应包括下列内容：

（1）勘察工作概况。

（2）勘察报告编制深度、与勘察标准的符合情况。

（3）勘察任务书的完成情况。

（4）存在问题及建议。

（5）评估结论。

8. 工程监理单位应依据设计合同及项目总体计划要求审查各专业、各阶段设计进度计划。

9. 工程监理单位应检查设计进度计划执行情况、督促设计单位完成设计合同约定的工作内容、审核设计单位提交的设计费用支付申请表，以及签认设计费用支付证书，并应报建设单位。

10. 工程监理单位应审查设计单位提交的设计成果，并应提出评估报告。评估报告应包括下列主要内容：

（1）设计工作概况。

（2）设计深度、与设计标准的符合情况。

（3）设计任务书的完成情况。

（4）有关部门审查意见的落实情况。

（5）存在的问题及建议。

11. 工程监理单位应审查设计单位提出的新材料、新工艺、新技术、新设备在相关部门的备案情况。必要时应协助建设单位组织专家评审。

12. 工程监理单位应审查设计单位提出的设计概算、施工图预算提出审查意见，并应报建设单位。

13. 工程监理单位应分析可能发生索赔的原因，并应制定防范对策。

14. 工程监理单位应协助建设单位组织专家对设计成果进行评审。

15. 工程监理单位可协助建设单位向政府有关部门报审有关工程设计文件，并应根据审批意见，督促设计单位予以完善。

16. 工程监理单位应根据勘察设计合同，协调处理勘察设计延期、费用索赔等事宜。

二十五、工程保修阶段监理

1. 承担工程保修阶段的服务工作时，工程监理单位应定期回访。

2. 对建设单位或使用单位提出的工程质量缺陷，工程监理单位应安排监理人员进行检查和记录，并应要求施工单位予以修复，同时应监督实施，合格后应予以签认。

3. 工程监理单位应对工程质量缺陷原因进行调查，并应与建设单位、施工单位协商确定责任归属。对非施工单位原因造成的工程质量缺陷，应核实施工单位申报的修复工程费用，并应签认工程款支付证书，同时应报建设单位。

二十六、监理人员在执业方面的有关规定

1. 总监理工程师应由工程监理单位法定代表人书面任命。
总监理工程师是项目监理机构的负责人，应由注册监理工程师担任。

2. 总监理工程师应在总监理工程师代表的书面授权中，列明代为行使总监理工程师的具体职责和权力。

3. 总监理工程师代表可以由具有工程类执业资格的人员（如：注册监理工程师、注册造价工程师、注册建造师、注册建筑师等）担任，也可由具有中级及以上专业技术职称、3 年及以上工程实践经验并经监理业务培训的人员担任。

4. 专业监理工程师是项目监理机构中按专业或岗位设置的专业监理人员。当工程规模较大时，在某一专业岗位宜设置若干名专业监理工程师。

5. 专业监理工程师具有相应监理文件的签发权，该岗位可以由具有工程类注册执业资格的人员（如：注册监理工程师、注册造价工程师、注册建造师、注册建筑师等）担任，也可由具有中级及以上专业技术职称、2 年及以上工程实践经验的监理人员担任。

6. 建设工程涉及特殊行业（如爆破工程）的，从事此类工程的专业监理工程师还应符合国家对有关专业人员资格的规定。

7. 监理员是从事和具体工作的监理人员，不同于项目监理机构中其他行政辅助人员。监理员应具有中专及以上学历，并经过监理业务培训。

二十七、监理人员的配备要求

1. 项目监理机构的监理人员宜由一名总监理工程师、若干名专业监理工程师和监理员组成，且专业配套、数量应满足监理工作和建设工程监理合同对监理工作深度及建设工程监理目标控制的要求。

2. 可设总监理工程师代表的情形：

1）工程规模较大、专业较复杂，总监理工程师难以处理多个专业工程时，可按专业设总监理工程师代表。

2）一个建设工程监理合同中包含了多个相对独立的施工合同，可按施工合同段设总监理工程师代表。

3）工程规模较大、地域比较分散，可按工程地域设总监理工程师代表。

3. 项目监理机构还可根据监理工作需要，配备文秘、翻译、司机和其他行政辅助人员。

4. 项目监理机构应根据建设工程不同阶段的需要配备数量和专业满足要求的监理人员，有序安排相关监理人员进退场。

5. 考虑到工程规模及复杂程度，一名注册监理工程师可以同时担任多个项目的总监理工程师，同时担任总监理工程师工作的项目不得超过三项。

6. 项目监理机构撤离施工现场前，应由工程监理单位书面通知建设单位，并办理相关移交手续。

二十八、第一次工地例会的有关要求

1. 由建设单位主持召开的第一次工地会议是建设单位、工程监理单位和施工单位对各自人员及分工、开工准备、监理例会的要求等情况进行沟通和协调的会议。

2. 总监理工程师应介绍监理工作的目标、范围和内容、项目监理机构及人员职责分工、监理工作程序、方法和措施等。

3. 第一次工地例会的主要内容有：

（1）建设单位、施工单位和工程监理单位分别介绍各自驻现场的组织机构、人员及分工。

（2）建设单位介绍工程开工准备情况。

（3）施工单位介绍施工准备情况。

（4）建设单位代表和总监理工程师对施工准备情况提出意见和要求。

（5）总监理工程师介绍监理规划的主要内容。

（6）研究确定各方在施工过程中参加监理例会的主要人员，召开监理例会的周期、地点及主要议题。

二十九、监理例会的有关要求

1. 监理例会由总监理工程师或其授权的专业监理工程师主持。

2. 专题会议是由总监理工程师或其授权的专业监理工程师主持或参加的，为解决监理过程中的工程专项问题而不定期召开的会议。专题会议纪要的内容包括会议主要议题、会议内容、与会单位、参加人员及召开时间等。

3. 监理例会应包括以下主要内容：

（1）检查上次例会议定事项的落实情况，分析未完事项原因。

（2）检查分析工程项目进度计划完成情况，提出下一阶段进度目标及其落实措施。

（3）检查分析工程项目质量、施工安全管理状况，针对存在的问题提出改进措施。

（4）检查工程量核定及工程款支付情况。

（5）解决需要协调的有关事项。

（6）其他有关事宜。

三十、质量事故报告的主要内容

项目监理机构向建设单位提交的质量事故书面报告的主要内容有：

（1）工程及各参建单位名称。

（2）质量事故发生的时间、地点、工程部位。

（3）事故发生的简要经过、造成工程损伤状况、伤亡人数和直接经济损失的初步估计。

（4）事故发生原因的初步判断。

（5）事故发生后采取的措施及处理方案。

（6）事故处理的过程及结果。

三十一、工程质量评估报告的主要内容

1. 工程概况。

2. 工程各参建单位。

3. 工程质量验收情况。

4. 工程质量事故及其处理情况。

5. 竣工资料审查情况。

6. 工程质量评估结论。

三十二、项目监理机构对进度付款申请审核的主要内容

1. 截至本次付款周期末已实施工程的合同价款。

2. 增加和扣减的变更金额。

3. 增加和扣减的索赔金额。

4. 支付的预付款和扣减的返还预付款。

5. 扣减的质量保证金。

6. 根据合同应增加和扣减的其他金额。

三十三、工程变更价款确定的原则

1. 合同中已有适用于变更工程的价格，按合同已有的价格计算、变更合同价款。

2. 合同中有类似于变更工程的价格，可参照类似价格变更合同价款。

3. 合同中没有适用或类似于变更工程的价格，总监理工程师应与建设单位、施工单位就工程变更价款进行充分协商达成一致；如双方达不成一致，由总监理工程师按照成本加利润的原则确定工程变更的合理单价或价款，如有异议，按施工合同约定的争议程序处理。

三十四、监理月报的具体内容

1. 本月工程实施情况：

（1）工程进展情况，实际进度与计划进度的比较，施工单位人、机、料进场及使用情况，本期在施部位的工程照片。

（2）工程质量情况，分项分部工程验收情况，工程材料、设备、构配件进场检验情况，主要施工试验情况，本月工程质量分析。

（3）施工单位安全生产管理工作评述。

（4）已完工程量与已付工程款的统计及说明。

2. 本月监理工作情况：

（1）工程进度控制方面的工作情况。

（2）工程质量控制方面的工作情况。

（3）安全生产管理方面的工作情况。

（4）工程计量与工程款支付方面的工作情况。

（5）合同其他事项的管理工作情况。

（6）监理工作统计及工作照片。

3. 本月施工中存在的问题及处理情况：

（1）工程进度控制方面的主要问题分析及处理情况。

（2）工程质量控制方面的主要问题分析及处理情况。

（3）施工单位安全生产管理方面的主要问题分析及处理情况。

（4）工程计量与工程款支付方面的主要问题分析及处理情况。

（5）合同其他事项管理方面的主要问题分析及处理情况。

4. 下月监理工作重点：

（1）在工程管理方面的监理工作重点。

（2）在项目监理机构内部管理方面的工作重点。

三十五、工程监理单位用表

1. 表 A.0.1 总监理工程师任命书

工程监理单位盖章，法定代表人签字。

本表一式三份，项目监理机构、建设单位、施工单位各执一份。

2. 表 A.0.2 工程开工令

项目监理机构盖章，总监理工程师签字、加盖执业印章。

本表一式三份，项目监理机构、建设单位、施工单位各执一份。

3. 表 A.0.3 监理通知单

项目监理机构盖章，总监或专业监理工程师签字。

本表一式三份，项目监理机构、建设单位、施工单位各执一份。

4. 表 A.0.4 监理报告

项目监理机构盖章，总监理工程师签字。

本表一式四份，主管部门、建设单位、工程监理单位、项目监理机构各一份。

5. 表 A.0.5 工程暂停令

项目监理机构盖章，总监理工程师签字、加盖执业印章。

本表一式三份，项目监理机构、建设单位、施工单位各一份。

6. 表 A.0.6 旁站记录

旁站监理人员签字，本表一式一份，项目监理机构留存。

7. 表 A.0.7 工程复工令

项目监理机构盖章，总监理工程师签字、加盖执业印章。

8. 表 A.0.8 工程款支付证书

项目监理机构盖章，总监理工程师签字、加盖执业印章。

本表一式三份，项目监理机构、建设单位、施工单位各一份。

三十六、施工单位报审、报验用表

1. 表 B.0.1 施工组织设计/（专项）施工方案报审表

（1）施工项目经理部盖章，项目经理签字。

（2）审查意见由专业监理工程师签字。

（3）审核意见，盖项目监理机构章，总监理工程师签字、加盖执业印章。

（4）审批意见，仅对超过一定规模的危险性较大的分部分项工程专项施工方案，建设单位盖章，建设单位代表签字。

（5）本表一式三份，项目监理机构、建设单位、施工单位各一份。

2. 表 B.0.2 工程开工报审表

（1）施工单位盖章，项目经理签字。

（2）审核意见，项目监理机构盖章，总监理工程师签字、加盖执业印章。

（3）审批意见，建设单位盖章，建设单位代表签字。

（4）本表一式三份，项目监理机构、建设单位、施工单位各一份。

3. 表 B.0.3 工程复工报审表

（1）施工项目经理部盖章，项目经理签字。

（2）审核意见，项目监理机构盖章，总监理工程师签字。

（3）审批意见，建设单位盖章，建设单位代表签字。

（4）本表一式三份，项目监理机构、建设单位、施工单位各一份。

4. 表B.0.4 分包单位资格报审表

（1）施工项目经理部盖章，项目经理签字。

（2）审查专业监理工程师签字。

（3）审核意见，项目监理机构盖章，总监理工程师签字。

（4）本表一式三份，项目监理机构、建设单位、施工单位各一份。

5. 表B.0.5 施工控制测量成果报验表

（1）施工项目监理部盖章，项目技术负责人签字。

（2）审查意见，项目监理机构盖章，专业监理工程师签字。

（3）本表一式三份，项目监理机构、建设单位、施工单位各一份。

6. 表B.0.6 工程材料、构配件、设备报审表

（1）施工项目经理部盖章，项目经理签字。

（2）审查意见，项目监理机构盖章，专业监理工程师签字。

（3）本表一式二份，项目监理机构、施工单位各一份。

7. 表B.0.7 报审、报验表

（1）施工项目经理部盖章，项目经理或项目技术负责人签字。

（2）审查和验收意见，项目监理机构盖章，专业监理工程师签字。

（3）本表一式二份，项目监理机构、施工单位各一份。

8. 表B.0.8 分部工程报验表

（1）施工项目经理部盖章，项目技术负责人签字。

（2）验收意见，专业监理工程师签字。

（3）验收意见，项目监理机构盖章，总监理工程师签字。

（4）本表一式三份，项目监理机构、建设单位、施工单位各一份。

9. 表B.0.9 监理通知回复单

（1）施工项目经理部盖章，项目经理签字。

（2）复查意见，项目监理机构盖章，总监理工程师或专业监理工程师签字。

（3）本表一式三份，项目监理机构、建设单位、施工单位各一份。

10. 表B.0.10 单位工程竣工验收报审表

（1）施工单位盖章，项目经理签字。

（2）预验收意见，项目监理机构盖章，总监理工程师签字、加盖执业印章。

（3）本表一式三份，项目监理机构、建设单位、施工单位各一份。

11. 表B.0.11 工程款支付报审表

（1）施工项目经理部盖章，项目经理签字。

（2）审查意见，专业监理工程师签字。

（3）审核意见，项目监理机构盖章，总监理工程师签字、加盖执业印章。

（4）审批意见，建设单位盖章，建设单位代表签字。

（5）本表一式三份，项目监理机构、建设单位、施工单位各一份，工程竣工结算报审表一式四份，项目监理机构、建设单位各一份、施工单位二份。

12. 表 B.0.12 施工进度计划报审表

（1）施工项目经理部盖章，项目经理签字。

（2）审查意见，专业监理工程师签字。

（3）审核意见，项目监理机构盖章，总监理工程师签字。

（4）本表一式三份，项目监理机构、建设单位、施工单位各一份。

13. 表 B.0.13 费用索赔报审表

（1）施工项目经理部盖章，项目经理签字。

（2）审核意见，项目监理机构盖章，总监理工程师签字、加盖执业印章。

（3）审批意见，建设单位盖章，建设单位代表签字。

14. 表 B.0.14 工程临时/最终延期报审表

（1）施工项目经理部盖章，项目经理签字。

（2）审核意见，项目监理机构盖章，总监理工程师签字、加盖执业印章。

（3）审批意见，建设单位盖章，建设单位代表签字。

（4）本表一式三份，项目监理机构、建设单位、施工单位各一份。

三十七、通用表格

1. 表 C.0.1 工作联系单

发文单位负责人签字。

2. 表 C.0.2 工程变更单

（1）变更提出单位负责人签字。

（2）施工项目经理部盖章，项目经理签字。

（3）设计单位盖章，设计负责人签字。

（4）项目监理机构盖章，总监理工程师签字。

（5）建设单位盖章，负责人签字。

（6）本表一式四份，建设单位、项目监理机构、设计单位、施工单位各一份。

3. 表 C.0.3 索赔意向通知书

提出单位盖章，负责人签字。

三十八、工程监理单位有关用表的一些具体要求

1. 工程监理单位法定代表人应根据建设工程监理合同约定，任命有类似工程管理经验的注册监理工程师担任项目总监理工程师，并在表 A.0.1 中明确总监理工程师的授权范围。

2. 建设单位对《工程开工报审表》签署同意意见后，总监理工程师可签发《工程开工令》。工程开工令中的开工日期为施工单位计算工期的起始日期。

3. 施工单位收到《监理通知单》并整改合格后，应使用《监理通知回复单》回复，并附相关资料。

4. 项目监理机构发现工程存在安全事故隐患，发出《监理通知单》或《工程暂停令》

后，施工单位拒不整改或者不停工的，应当采用表 A.0.4 及时向政府有关主管部门报告，同时应附相应《监理通知单》或《工程暂停令》等证明监理人员所履行安全生产管理职责的相关文件资料。

5. 工程暂停令中，总监理工程师应根据暂停工程的影响范围和程度，按合同约定签发暂停令。签发工程暂停令时，应注明停工部位及范围。

6. 旁站记录中施工情况包括施工单位质检人员到岗情况、特殊工种人员持证情况以及施工机械、材料准备及关键部位、关键工序的施工是否按（专项）施工方案及工程建设强制性标准执行等情况。

三十九、施工单位报审表有关具体要求

1. 施工单位编制的施工组织设计应由施工单位技术负责人审核签字并加盖施工单位公章。有分包单位的，分包单位编制的施工组织设计或（专项）施工方案均应由施工单位按规定完成相关审批手续后，报项目监理机构审核。

2. 施工合同中同时开工的单位工程可填报一次，总监理工程师审核开工条件并经建设单位同意后签发工程开工令。

3. 工程复工报审时，应附有能够证明已具备复工条件的相关文件资料，包括相关检查记录、有针对性的整改措施及其落实情况、会议纪要、影像资料等。

4. 分包单位资格报审表中，分包单位的名称应按《企业法人营业执照》全称填写；分包单位资质材料包括：营业执照、企业资质等级证书、安全生产许可文件、专职管理人员和特种作业人员的资格证书等；分包单位业绩材料是指分包单位近三年完成的与分包工程内容类似的工程业绩材料。

5. 测量放线的专业测量人员资格（测量人员的资格证书）及测量设备资料（施工测量放线使用测量仪器的名称、型号、编号、校验资料等）应经项目监理机构确认。测量依据资料及测量成果包括下列内容：

（1）平面、高程控制测量：需报送测量依据资料、控制测量成果表（包含平差计算表）及附图。

（2）定位放样：报送放样依据、放样成果表及附图。

6. 工程材料、构配件、设备报审表中：

（1）质量证明文件是指：生产单位提供的合格证、质量证明书、性能检测报告等证明资料。进口材料、构配件、设备应有商检的证明文件；新产品、新材料、新设备应有相应资质机构的鉴定文件。如无证明文件原件，需提供复印件，并应在复印件上加盖证明文件提供单位的公章。

（2）自检结果是指：施工单位核对所购工程材料、构配件、设备的清单和质量证明资料后，对工程材料、构配件、设备实物及外部观感质量进行验收核实的结果。

（3）由建设单位采购的主要设备则由建设单位、施工单位、项目监理机构进行开箱检查，并由三方在开箱检查记录上签字。

（4）进口材料、构配件和设备应按照合同约定，由建设单位、施工单位、供货单位、项目监理机构及其他有关单位进行联合检查，检查情况及结果应形成记录，并由各方代表

签字认可。

7. 表 B.0.7 报审、报验表：

（1）主要用于隐蔽工程、检验批、分项工程的报验，也可用于施工单位试验室等的报审。

（2）有分包单位的，分包单位的报验资料应由施工单位验收合格后向项目监理机构报验。

（3）隐蔽工程、检验批、分项工程需经施工单位自检合格后并附有相应工序和部位的工程质量检查记录，报送项目监理机构验收。

8. 分部工程质量资料包括：《分部（子分部）工程质量验收记录表》及工程质量验收规范要求的质量资料、安全及功能检验（检测）报告等。

9. 监理通知回复单，回复意见应根据《监理通知单》的要求，简要说明落实整改的过程、结果及自检情况，必要时应附整改相关证明资料，包括检查记录、对应部位的影像资料等。

10. 每个单位工程应单独填报。质量验收资料是指：能够证明工程按合同约定完成并符合竣工验收要求的全部资料，包括单位工程质量资料，有关安全和使用功能的检测资料，主要使用功能项目的抽查结果等。对需要进行功能试验的工程，包括单机试车、无负荷试车和联动调试，应包括试验报告。

11. 工程款支付报审表中：

（1）附件是指与付款申请有关的资料，如已完成合格工程的工程量清单、价款计算及其他与付款有关的证明文件和资料。

（2）证明材料应包括：索赔意向书、索赔事项的相关证明材料。

四十、通用表格工作联系单的使用

工程建设有关方相互之间的日常书面工作联系，包括：告知、督促、建议等事项。

第三章 质量控制的基本方法

施工现场的施工质量控制是"三控制，三管理，一协调"的重中之重，因而，作为监理人员必须掌握各种质量控制的具体方法，才可以做好监理的工作。

一、材料质量控制点

1. 掌握材料信息，优选供货厂家。

2. 合理组织材料供应，确保施工正常进行。

3. 合理组织材料使用，按定额计量准确使用材料，加强运输、仓库保管工作以及材料限额管理和发放工作，健全现场材料管理制度，避免材料损失、变质。

4. 加强材料检测验收，严把材料质量关。

（1）对用于工程的主要材料，进场时必须具备正式的出厂合格证和材质检验单。不具备检验证明或对检验证明有怀疑时，应补做检验。

（2）工程中所有各种构件，必须具有厂家批号和出厂合格证。钢筋混凝土的预应力钢筋混凝土构件，均应按规定的方法进行抽样检验。由于运输、安装等原因出现的构件质量问题，应分析研究，经处理鉴定后方能使用。

（3）凡标志不清或认为质量有问题的材料；对质量保证资料有怀疑或与合同规定不符的一般材料；由工程重要程度决定，应进行一定比例的材料；需要进行追踪检验，以控制和保证其质量的材料等，均应进行抽检。对于进口的材料设备和重要工程或关键施工部位所用的材料，则应进行全部检验。

（4）材料质量抽样和检验的方法，应符合《建筑材料质量标准与管理规程》，并且能反映该批材料的质量性能。对于重要构件或非匀质的材料，还应酌情增加采样的数量。

（5）在现场配制的材料，如混凝土、砂浆、防水材料、防腐材料、绝缘材料、保温材料等配合比，应先提出试配要求，经试配检验合格后才能使用。

（6）对进口材料、设备应会同商检局检验，如核对凭证中发现问题，应取得供方和商检人员签署的商务记录，按期提出索赔。

（7）高压电缆和电源绝缘材料要进行耐压试验。

5. 要重视材料的使用认证，以防错用或使用不合格的材料。

二、材料使用认证要求

1. 对于主要装饰材料及建筑构配件，应在订货前要求厂家提供样品或看样订货；对于主要设备，订货时要审核设备清单，看其是否符合设计要求。

2. 必须充分了解材料性能、质量标准、适用范围和施工要求，以便慎重选择和使用材料。例如，红色大理石或带色纹（红、暗红、金黄色纹）的大理石易风化剥落，不宜用作外装饰；外加剂木钙粉不宜蒸汽养护；早强剂三乙醇胺不能用作抗冻剂；碎石或卵石中含有不定型二氧化硅时，将会使用混凝土产生碱—骨料反应，使质量受到影响。

3. 凡是用于重要结构、部位的材料，使用时必须仔细核对、认证材料的品种、规格、型号、性能有无错误，是否适合工程特点和满足设计要求。

4. 新材料的应用必须通过试验和鉴定，代用材料则必须通过计算和充分的论证，并要符合结构构造的要求。

5. 材料认证不合格时，不许用于工程中。而有些不合格的材料，如过期、受潮的水泥是否降级使用，则需要结合工程的特点予以论证，但绝不允许用于重要的工程或部位。

三、事前控制

1. 施工准备质量控制
（1）质量控制组织机构
（2）质量体系与施工人员的资格与素质
（3）原材料与半成品的质量控制
（4）施工方案、工艺、检验方法与检验设备的审查
（5）工程技术、环境的检查
（6）施工管理环境的检查
（7）新技术、新工艺新材料、新设备的把关
（8）测量控制
2. 图纸会审
3. 层层技术交底
4. 开工把关
（1）审查总包的开工条件
（2）审查各分部工程的开工条件

四、事中控制

1. 施工过程的质量控制
2. 中间产品的质量控制
3. 分部分项工程的质量控制
4. 设计变更与图纸修改的审查
5. 施工方案与施工设备的调整

五、事后质量控制

1. 工程验收
2. 竣工验收

3. 质量文件的审核

六、质量控制依据

1. 工程承包合同文件
2. 设计文件
3. 有关质量检验与控制的专门技术标准
（1）工程建设国家标准
（2）工程建设推荐标准
（3）工程建设行业标准
（4）工程建设地方标准
（5）工程建设相关标准
4. 有关的法律与法规
（1）国家的法律
（2）部门的规章
（3）地方的法律与规定
5. 工程的项目文件
（1）项目建议书
（2）工艺方案
（3）项目计划书

七、质量控制程序

1. 设计变更程序
（1）施工单位提出设计变更原因及方案。
（2）专业监理工程师及总监理工程师签署意见。
（3）如果总监理工程师同意变更，提交业主转设计人员出具变更文件。
（4）由业主将设计变更文件下发监理机构，总监理工程师签署后，下发施工单位执行。
2. 隐蔽工程验收程序
（1）施工单位完成隐蔽工程施工。
（2）施工单位自检与书面填写"报验单"并附必要的检查数据或检查表。
（3）监理工程师或监理员接收"报验单"并现场检查工程质量，记录检查结果。
（4）如果不同意，施工单位整改完成后重新报验。
（5）如果同意，签署"同意进行下道工序施工"。
3. 材料验收程序
（1）材料进场。
（2）填写材料报验单，并附质保书等。
（3）监理人员现场检查并决定见证试验或平行检验，同时进行外观检查，如果不合格，限定时间内运出现场。

（4）如果合格，检查结果合格后，签署"同意使用"。

4. 旁站程序

（1）施工单位书面通知需要旁站的项目。

（2）监理员熟悉工序施工要求及有关指标。

（3）监理员准备有关检测设备或工具。

（4）监理员现场监督施工过程并作记录。

（5）汇报有关施工情况，并提交旁站记录。

八、质量控制的方法

1. 审查承包单位的有关文件。

2. 现场落实有关文件。

3. 现场检查经过监理单位或建设单位审查确认的有关文件的执行情况。

4. 采用目测法或检测工具量测法，现场检查与验收有关施工的质量。

5. 采用检验和评价、见证取样、见证试验、平行检验等方法进行工程质量的检验。

九、检验的方法与程度

1. 检验的方法

（1）外观检验。

（2）理化试验。

（3）无损测试或检验。

（4）破坏性检验。

2. 检验的程度

（1）全数检验。

（2）抽样检验。

（3）免检。

3. 质量检验必须具备的条件

（1）监理单位要具有足够的检验技术力量，要配备各类有相应水平和资格的质量检验人员。必要时，还应对外委托检验关系。

（2）监理单位应建立一套完善的管理制度，包括建立质量检验人员的岗位责任制、检验设备质量保证制度、检验人员技术核定与培训制度、检验技术规程与标准实施制度以及检验资料档案管理等。

（3）配备符合标准及满足检验工作需要的检验和测试手段。

（4）具备适宜的工作条件。

4. 质量检验计划的内容

（1）分部分项工程名称及检验部位。

（2）检验项目，即应检验的性能特征以及其重要性级别。

（3）检验程度和抽检方案。

（4）检验方法和手段。

（5）检验所依据的技术标准和评价标准。

（6）认定合格的评价条件。

（7）质量检验合格与否的处理。

（8）对检验记录及签发检验报告的要求。

（9）检验程序或检验项目实施的顺序。

十、监理人员可以使用的手段

1. 旁站监督

旁站监理人员的主要职责：

（1）检查施工企业现场质检人员到岗、特殊工种人员持证上岗以及施工机械、建筑材料准备情况。

（2）在现场跟班监督关键部位、关键工序的施工执行方案以及工程建设强制性标准情况。

（3）核查进场建筑材料、建筑构配件、设备和商品混凝土的质量检验报告等，并可在现场监督施工企业进行检验或者委托具有资格的第三方进行复验。

（4）做好旁站监理记录和监理日记，保存旁站监理原始资料。

2. 巡视检查

发现偏差，及时纠正，并指令施工单位处理。

3. 试验

采取见证取样、见证试验、平行检验等方法来获取试验结果与数据，对工程质量进行评价和验收。其中必须实施见证取样和送检试块、试件和材料包括：

（1）用于承重结构的混凝土试块。

（2）用于承重墙体的砌筑砂浆试块。

（3）用于承重结构的钢筋及连接接头试件。

（4）用于承重墙和混凝土小型砌块。

（5）用于拌制混凝土砌筑砂浆的水泥。

（6）用于承重结构的混凝土使用的外加剂。

（7）地下、屋厕浴间使用的防水材料。

（8）国家规定必须实行见证取样和送检的其他试块、试件和材料。

4. 指令文件

5. 规定的质量控制程序

6. 利用支付手段

十一、工程质量的预控

1. 审查有关施工方案及作业指导书。

2. 落实有关技术交底工作。

（1）工程施工技术交底必须符合建筑工程施工及验收规范、技术操作过程（分项工艺标准）、质量检验评定的相应规定。同时也应符合各行业制定的有关规定、准则，以及所在省（区）市地方性的具体政策和法规要求。

（2）工程施工技术交底必须执行国家各项技术标准，包括计量单位和名称。有的施工企业还制定企业内部标准，如建筑分项工程施工工艺标准、混凝土施工管理标准等。在技术交底时均应认真贯彻执行。

（3）技术交底还应符合设计施工图的各项技术要求，特别是当设计图纸中的技术要求和技术标准高于国家施工规范及验收规范的相应要求时，应作更为详细的交底和说明。

（4）技术交底应符合和体现上一级技术领导的意图和具体要求。

（5）技术交底应符合施工组织设计或施工方案的各项要求，包括技术措施和施工进度等要求。

（6）对不同层次的施工人员，其技术交底深度与详细程度不同，即技术交底的内容深度和说明的方式要有针对性。

（7）技术交底应全面、明确，并突出要点。应详细说明怎么做，执行什么标准，其技术要求如何，施工工艺与质量标准和安全注意事项还应分项具体说明，不能含糊其辞。

（8）详细说明在施工中使用的新技术、新工艺、新材料，以及如何做样板间等具体事宜。

十二、选择质量控制点及重点控制对象

1. 质量控制点的选择

（1）施工过程中的关键工序或环节以及隐蔽工程，例如预应力结构的张拉工序、钢筋混凝土结构中的钢筋架立。

（2）施工中的薄弱环节，或质量不稳定的工序、部位或对象，例如地下防水层施工。

（3）对后续工程施工或后续工序质量或安全有重大影响的工序、部位或对象，例如预应力结构的预应力钢筋质量（如硫、磷含量）、模板的支撑与固定等。

（4）采用新技术、新工艺、新材料的部位或环节。

（5）施工上无足够把握的、施工条件困难的以及技术难度大的工序或环节，例如复杂曲线模板的放样等。

2. 质量控制点设置位置

（1）测量定位

标准轴线桩、水平桩、龙门板、定位轴线。

（2）地基、基础

基坑（槽）尺寸、标高、土质、地基承载力、基础垫层标高，基础位置、尺寸、标高、预留洞孔、预埋件的位置、规格、数量，基础墙皮数杆及标高、杯底弹线。

（3）砌体

砌体轴线，皮数杆，砂浆配合比，预留洞孔、预埋件位置，数量、砌块排列。

（4）模板

位置、尺寸、标高，预埋件位置，预留洞孔尺寸、位置，模板承载力及稳定性，模板

内部清理及润湿情况。

（5）钢筋混凝土

水泥品种、强度等级，砂石质量，混凝土配合比，外加剂比例，混凝土振捣，钢筋品种、规格、尺寸、接头、预留洞（孔）及预埋件规格数量和尺寸等、预埋件的吊装等。

（6）吊装

吊装设备起重能、吊具、索具、地锚。

（7）钢结构

翻样图、放大样、胎膜与胎架、连接形式的要点（焊接及残余变形）。

（8）装修

材料品质、色彩、工艺。

3. 质量控制点的重点控制对象

（1）人的行为。对某些工序或操作，应以人为重点进行控制，例如高空、高温、水下、危险作业等，对人的身体素质或心理素质应有相应的要求；技术难度大或精度要求高的作业，如复杂模板放样、精度、复杂的设备安装以及重型构件吊装等，对人的技术水平均有相应的较高的要求。

（2）物的状态。对于某些工序或操作，应以物为监控重点。例如精密机加工使用的机械，精密配料中所需的计量仪器与装备，多工种立体交叉作业的空间与场地条件等。

（3）材料的质量与性能。这是直接影响工程质量和安全的主要因素，对某些工程尤为重要，常作为控制的重点。例如预应力钢筋混凝土构件施工中使用的预应力钢筋性能与质量，要求质地均匀、硫磷含量低，以免发生冷脆或热脆；岩石基坑的防渗灌浆，灌浆材料细度可灌性等都是直接影响灌注质量和效果的主要因素。

（4）关键的操作。例如预应力钢筋的张拉工艺操作过程及张拉的控制，是可靠地建立预应力值且保证预应力构件质量的关键环节。

（5）施工技术参数。例如对优质填方进行压实时，对土的含水量等参数的控制是保证填方质量的关键；对于岩基水泥灌浆，灌浆压力和吃浆率、冬期混凝土施工的混凝土受冻临界强度等技术参数是质量控制的重要指标。

（6）施工顺序。对于某些工作必须严格遵守工序或操作之间的顺序，例如，对于冷拉钢筋应当先对焊、后冷拉，否则会失去冷强；对于屋架固定一般应采取对角同时施焊，以免焊接应力使已校正的屋架发生变位等。

（7）技术间歇。有些工序之间需要有必要的技术间歇时间，例如砖砌墙砌筑与抹灰工序之间以及抹灰与粉刷或喷涂之间，均应有足够的间歇时间；混凝土浇筑后至拆模之间也应保持一定的间歇时间。

（8）易发生或常见的施工质量通病。例如屋面防水层的铺设、洪水管道接头的渗漏、砌砖砂浆不饱满等。

（9）新工艺、新技术、新材料的应用。由于缺乏经验，施工时可作为重点进行严格控制。

（10）产品质量不稳定、不合格率较高的工序应列为重点控制对象，掌握数据、咨询分析、查明原因，进行严格控制。

（11）易对工程质量产生重大影响的施工方法。例如，液压滑模施工中的支承杆失稳问题、升板法施工中提升差的控制等，都是一旦施工不当或控制不严，可能引起重大质量事故的问题，均应作为质量控制的重点。

（12）特殊地基或特种结构。例如大孔性湿陷性黄土、膨胀土等特殊土地基的处理、大跨度和超高结构等难度大的施工环节和重要部位等，都应予特别重视。

十三、质量控制中的见证点和停止点

1. 见证点（W 点）的概念

凡是列为见证点的质量控制对象，在规定的关键工序（控制点）施工前，施工单位应提前通知监理人员在约定的时间内到现场进行见证和对其施工实施监督。如果监理人员未能在约定的时间内到现场见证和监督，则施工单位有权进行该点的相应的工序操作和施工。

2. 见证点的监理实施程序

（1）施工单位在到达某个见证点（质量控制点）一定时间内，例如提前 24h 书面通知监理工程师，说明将到达该见证点准备施工的日期与时间，请监理人员届时到现场进行见证和监督。

（2）监理工程师收到通知后，应按规定的时间到现场见证。对该质量控制点的实施过程进行认真的监督和检查，并在见证表上详细记录该项工作所在的建筑部位、工作内容、数量、质量及工时等后签字，作为凭证。

（3）如果监理人员在规定的时间未能到现场见证，施工单位可以认为已获监理工程师认可，有权进行该项施工。

（4）见证取样和重要的试验等应作为见证点来处理。

3. 停止点（H 点）的概念

通常针对"特殊过程"或"特殊工序"而言，对于某些施工质量不能依靠其后的检验来把关或难以在以后检验其内在质量的工序或施工过程，或者是某些万一发生质量事故则难以挽救的施工对象，就应设置停止点。凡是列为停止点的控制对象，要求必须在规定的控制点到来之前通知监理方派员对控制点实施监控，如果监理方未在约定的时间内到现场监督、检查，施工单位应停止进入该点相应的工序，并按规定等待监理方，未经认可不能越过该点继续活动。所有的隐蔽工程验收点都是停止点。

4. 停止点、见证点注意事项

（1）停止点与见证点不同之处是：如果监理人员未能规定时间内到达待检点的现场，施工承包单位不得进行该工作。

（2）见证点在施工前明确，并在监理规划中明确见证点及停止点，并通知施工单位。

（3）见证点和停止点的检查要有书面记录，并签署明确的意见。

十四、工序质量监控

1. 工序活动条件控制
2. 施工准备的控制

（1）人员

（2）材料、半成品

（3）机械设备

（4）工艺、方法

（5）环境

3. 工序活动过程的条件

（1）投入物料

（2）工艺过程

（3）其他方面

4. 工序活动效果监控

（1）实测

（2）分析

（3）判断

（4）纠偏或认可

十五、工序活动条件的监控

1. 施工准备方面的控制

（1）人的因素，如施工操作者和有关人员是否符合上岗要求。

（2）材料因素，如材料质量是否符合标准能否使用。

（3）施工机械设备的条件，如其规格、性能、数量能否满足要求，质量有无保障。

（4）拟采用的施工方法及工艺是否恰当，产品质量有无保证。

（5）施工的环境条件是否良好。

2. 施工过程中对工序活动条件的监控

（1）对投入物料的监控。主要是指在工序施工过程中，随时对所投入的物料等质量特性指标的检查、控制，例如对混凝土拌合料坍落度的控制，对沥青路面使用的沥青拌合料温度的测定与控制等。

（2）对施工操作或工艺过程的控制。主要是指在工序施工过程中，监理人员应通过旁站监督等方式，监督、控制施工及检验人员按规定和要求的操作规程或工艺标准进行施工。

（3）其他方面的监控。在工序活动中，除对投入物料、工艺或操作两方面要加强控制外，对其他方面诸如施工机械设备和施工环境以及人员状态等方面，也应随时注意其条件的变化。一旦发现出现不利与保证施工质量的情况或现象，例如有不符合上岗条件的人员上岗操作等，应及时加以控制和纠正。

3. 工序活动效果的监控

（1）实测

（2）分项

（3）判断

（4）纠正或认可

十六、工序活动质量监控实施要点

1. 确定工序质量控制计划
2. 建立完善的质量体系和质量检查制度。
3. 进行工序分析，分清主次，重点控制。
4. 对工序活动实施跟踪的动态控制。
5. 设置工序活动的质量控制点，进行预控。

十七、成品保护的一般方法

1. 防护

对清水楼梯踏步，可以采取护棱角钢上下连接固定；对于进出口台阶，可垫砖或方木搭脚手板供人通过的方法来保护台阶；对于门口易碰部位，可以钉上防护条护或槽形盖铁保护；门扇安装后可以楔固定等。

2. 包裹

对镶面大理石柱可用立板包裹捆扎保护，铝合金门窗可用塑料布包扎保护。

3. 覆盖

对地漏、落水口排水管等安装后可以加以覆盖，以防止异物落入而被堵塞。

4. 封闭

垃圾道完成后，可以将其进口封闭起来，以防建筑垃圾堵塞通道；房间水泥地面或地面砖完成后，可将该房间局部封闭，防止人们随意进入而损害地面；房间装修完成后，应加锁封闭，防止人们随意进入而受到损伤等。

5. 合理安排施工顺序

采取房间内先喷浆或喷涂后装灯具的施工顺序，可防止喷浆污染、损害灯具；先做顶棚、装修后做地坪，也可避免顶棚及装修施工污染、损害地坪。

6. 合理确定工期
7. 避免不恰当地干扰施工布置

十八、项目监理部工作内容

1. 参加建设单位组织的第一次工地例会
2. 编制监理规划与监理细则
3. 分专业审查图纸
4. 组织机构监理人员分工
5. 审查施工方案
6. 进行测量复核与沉降观测
7. 审查记录装置
8. 审查分包单位

9. 检查与验收材料

10. 采取旁站与巡视、见证与抽检手段进行工序检查

11. 进行分析（隐蔽）工程验收（书面签认）

12. 验收意见

13. 审查变更单

14. 进行质量缺陷的处理

15. 每周组织工地例会和编制会议纪要

16. 提供月报和各项专题报告

17. 组织初验并提出整改意见

18. 落实清场

19. 落实竣工资料整理与移交

20. 审查进度计划（重点是方案与设备人员）

21. 进行设计变更和工程变更的量与价的审查与签认

22. 每月进行一次计量与支付审查

23. 审查决算

十九、设备安装的监理程序

1. 参加设计交底
2. 组织图纸会审
3. 审核施工组织设计
4. 审定分包单位
5. 审核开工条件
6. 审核原材料、设备与半成品
7. 检验批、分项工程验收
8. 进行隐蔽工程验收
9. 设备调试过程旁站
10. 参加联合试运转试验
11. 组织设备分部工程预验收
12. 组织或参与设备分部工程验收并编写质量评估报告

二十、设备购置的检查重点

1. 必须按设计的选型购置设备，监理人员应参与设备选型工作。

2. 设备购置应向监理工程师申报，经监理工程师对设备订货清单（包括设备名称、型号、规格、数量等）按设计要求逐一审核认证后，方可加工订货。

3. 优选订货厂家。监理人员应要求制造厂家提供产品目录、技术标准、性能参数、版本图样、质保体系、销售价格、供销文件等有关信息资料，并通过社会调查，了解制造厂家企业的素质、资质等级、技术装备、管理水平、经营作风、社会信誉等各方面情况，

然后进行综合分析比较，择优选择订货厂家。

4. 签订订货合同。设备购置应以经济合同形式对设备的质量标准、供货方式、供货时间、交货地点、组织测试要求、检测方法、保修索赔期限以及双方的权利和义务等予以明确规定。

5. 设备制造质量的控制。应着重检查部件包括以下三类。

（1）钢结构焊接部件。检查的内容为：材料质量、放样尺寸、切割下料、坡口焊接、部件组装、变形校正、油漆、静动负荷试验和无损探伤等。

（2）机械类部件。检查的内容为：原材料、铸件或锻件、调质处理、机械加工、组装、测量鉴定和负荷试验等。

（3）电气自动化部件。检查的内容为：元件、组件、部件组装、仪表、信号、线路、空载和负荷试验等。

6. 购置的设备在运输中，必须采取有效的包装和固定措施，严防碰撞损伤。

7. 加强设备的储存、保管，避免配件、备件的遗失，避免设备遭受污染、锈蚀和控制系统的失灵。

二十一、设备开箱检查注意事项

1. 开箱前，应查明设备的名称、型号和规格，查对箱号、箱数和包装情况，避免开错。

2. 开箱时，应严防损伤设备和丢失附件、备件，并尽可能减少箱板的损失。

3. 宜将设备运至安装地点附近开箱，既可以减少开箱后的搬运工作，又可以避免设备在二次搬运中产生附件、备件丢失现象。

4. 应将箱顶面的尘土、垃圾清扫干净后进行开箱，以免设备遭受污染。开箱应从顶板开始，拆开顶板查明装箱情况后，再依次拆除其他箱板。

5. 开箱应用钉器或撬杠，如有铁皮箍时应先行拆除，切忌用锤斧乱敲、乱砍。同时还应注意周围环境，以防箱板倒下砸伤临近的设备或人员。

6. 设备的防护物及包装应随安装顺序拆除，不得过早拆除，以防设备免遭锈蚀损坏。

7. 开箱后，设备的附件、备件不可直接放在地面上，应放在专用箱中或专用架上。

二十二、给排水工程的现场安装质量要求

1. 管道安装时，注意安装坡度应符合设计和施工验收规范的要求。消防系统要有泄水措施，管道横向安装宜设 0.2% ~0.5% 的坡度，且应坡向排水管。管道接口形式应符合设计要求和施工工艺要求。

（1）对于给水铸铁管承插接口，安装前应将承插口清扫干净，承口朝向顺序排列，对口间歇应均匀，管道顺直，灰口密实饱满，并有养护措施。

（2）对于钢管螺纹连接接口，螺纹清洁、规整，无断丝或缺丝，连接牢固，丝扣外露 2 ~3 扣。

（3）对于钢管法兰连接接口，法兰对接平行紧密，与管中心垂直，螺杆要露出螺母，

衬垫材质符合设计和施工规范要求。

（4）对于钢管焊接接口，管道口平直，焊缝平顺，不允许出现表面烧穿、裂纹和明显结瘤、夹渣和气孔现象。

（5）室内地坪±0.000以下至基础墙外壁段，待土建施工结束后再进行户外连接管道铺设。

2. 管道支、吊、托架所采用的形式和规格应符合设计要求和施工规范的要求。

（1）管道支、吊、托架的安装位置应正确，埋设要平整牢固，与管道接触应紧密，固定应牢固。

（2）各种不同材质（如金属管、PVC管、PP-R管）、不同规格的管道水平支、吊、托架间距不同，应按规范要求的间距来敷设，对立管之间应注意必须做在同一高度上。

（3）管道支吊架安装位置不应妨碍喷头喷水效果，成排喷淋管、喷头及支架应做成一直线，安在吊平顶的喷头高度应一致。

（4）喷水灭火系统中当管道之间大于或等于50mm时，每段配水管上设置防晃支架不应少于1个，管道改方向时，应设防晃支架。

3. 阀门型号、规格符合设计要求，位置、进出口方向正确。

4. 对于埋设于地下的管道，必须有防腐层，可按设计要求做。

5. 对于水平管道，纵横向应顺直，偏差应在规范允许范围内；对于立管，应垂直于楼板，偏差值也应在规范允许范围内。立管与墙面间应留有一定间距，不得出现立管贴靠在墙面或嵌入到墙里面去。对于立管而言，首先核定直管高度、不同卫生用具的冷热水预留口高度和位置是否正确，再找平正固定支管卡件，加好临时丝堵。热水支管应在冷水支管上方，支管预留口位置应为左热右冷，水平敷设时上热下冷。消防管道的安装位置应符合设计要求或规范规定。

6. 室内给水塑料管道工程中，阀门至水箱的进水管、出水管、排污管应采用金属钢管。

7. 管道试压冲洗

（1）给水管道在隐蔽之前要进行水压试验，管道系统安装完毕后，要进行系统压力试验，试验压力一般为工作压力1.5倍，不应小于0.6MPa。水压试验时排空空气，充满水后加压，当压力升到试水压力后，再把压力降至工作压力，进行渗漏检查，10min压力降不大于0.05MPa，无渗漏，可办理验收手续。

（2）对喷淋系统进行水压试验时，当工作压力小于等于1.0MPa，试验压力为工作压力1.5倍，并不低于1.4MPa。当工作压力大于1.0MPa时，试验压力应为该工作压力加0.4MPa。试验测试点应在系统管网的最低点，注水需缓慢同时排气，达试验压力后稳压30min，且测无渗漏和无变形，压力降不应大于0.05MPa。做完强度试验后，要进行水压严密性试验，必须在管道冲洗后进行。试验压力为工作压力，稳压24h应无渗漏。

（3）管道冲洗，管道在试压完成后可进行冲洗，应保证充足水量冲洗，直至排出水质与进水相当，整个过程合格并做好验收记录。

（4）管道消毒，应用每升水中含20mg~30mg游离氯的水罐满管道消毒，滞留时间不得小于24h，再用饮用水冲洗。

8. 管道防腐和保温

（1）管道防腐

给水防腐均按设计要求和国家验收规范进行施工，所有型钢支架及施工中管道镀锌层破损处和外漏丝扣要补刷防锈漆。管道及支吊架在涂刷底漆前，必须清除表面灰尘、污垢、锈斑、焊渣、毛刺、油、水等物。涂料种类、颜色及涂敷层数和标记应符合设计文件规定，涂层应均匀，颜色一致，附着牢固，无剥落、皱纹、气泡、针孔等缺陷，管道安装后不易涂漆的部位应预先涂漆。

（2）管道保温

明装和暗装给水管道保温目的是防冻、放热损失和防管道结漏，其材质及厚度均严格按设计要求。管道与支架安装完毕，压力试验和防腐涂料完成后，才能进行该保温。

9. 管道在隐蔽前必须做灌水试验，其灌水高度必须不低于底层地面高度。试验时，灌水 15min 后再灌满延续 5min，液面不下降为合格。雨水管道安装后应组级灌水试验，灌水高度必须到每根立管最上部的雨水漏斗。专业监理工程师应参加试验，并对管道进行隐蔽前检查，合格后监督施工人员填埋好，做好隐蔽工程验收记录，经监理工程师签认。

10. 排水管道安装前，必须清除管道（UPVC 管）及管件上的污染杂物。为保证管壁的光洁度，明装管道安装必须在粉刷后进行，安装间断时，管口必须做临时封堵，且不得使用有锐边尖口的机具进行管道堵塞。

11. 生活污水管道的检查口、清扫口设置应符合设计要求，安装时应考虑清通维修。

12. 管道接口形式应符合设计要求和施工工艺要求。

13. 卫生器具的安装应与土建施工配合，在卫生器具安装前，应要求土建做好墙面和地面的防渗漏措施。在卫生器具安装后，应要求土建做好产品保护。浴盆安装必须在抹灰底层以后、贴瓷砖之前就位，台式面盆必须与土建大理石台面的安装配合，其卫生器具安装大多粉刷完成后进行。安装时应把排水口临时堵塞好，防止水泥浆和其他垃圾堵塞管道。管道及管道附近与卫生器具的陶瓷件连接应垫胶皮、油灰等填料和垫料。

14. 固定洗脸盆、洗手盆、洗涤盆、浴盆的排水口接头应通过螺母来实现，不得强行旋转落水口，落水口应与盆底相平或略低。

二十三、风管制作与安装的质量监控要点

1. 在风管制作下料过程中，对矩形板料应严格检查角度，并检验每片板料的长度、宽度及对角线，使其误差在允许范围内。薄钢板风管及管件咬接前必须清除表面的尘土、污垢，然后在钢板上先涂刷一层防锈漆。

2. 风管咬口缝要连续、紧密、均匀，无孔洞、半咬口和胀裂。金属矩形风管咬口应设在四角部，纵向咬缝必须错开。

3. 支、吊架间距如设计无要求时，须符合规范规定。在风口、阀门、检查门及自控机构等部位不得设置支、吊架。保温风管的支、吊架宜设在保温层外部，并不得损坏保温层。

4. 空气净化系统应在土建粗装修完毕、室内基本无灰尘飞扬或有防尘措施下进行安装，具体要求如下：

（1）系统安装应严格按照施工程序进行，不得颠倒。

（2）风管、静压箱及其部件，在安装前内壁必须擦拭干净，做到无油污和浮尘，当施工完毕或停顿时，应封好端口。

（3）风管、静压箱、风口及设备（空气吹淋室、余压阀等）安装在或穿过维护结构时，其接缝处应采取密封措施，做到清洁、严密。

（4）法兰垫片和清扫口、检查门等的密封垫料应选用不漏气、不产尘、弹性好、不易老化和具有一定的强度的材料，严禁采用厚纸板、石棉绳、钳油麻丝以及泡沫塑料、乳胶海绵等易产尘材料。

5. 风管和空气处理室内，不得敷设电线、电缆以及输送有毒、易燃、易爆气体或液体的管道。

6. 风管的强度及严密性要求应符合设计规定与风管系统的要求。不同系统的风管应符合相应的密封要求，各系统风管单位面积允许漏风量应符合设计或规范规定。

二十四、空气处理设备安装的质量监控要点

1. 设备开箱检查，核对设备名称、规格、型号是否符合设计要求，产品合格证、产品说明书、设备技术文件是否齐全，设备有无损坏、锈蚀、受潮现象，手盘转动部件与机壳有无金属摩擦，主机附件、专用工具是否齐全等。

2. 设备基础需进行基础验收，检查其标高、位置、水平度及几何尺寸与设备是否相配。

3. 空调机组凝结水管应设水封装置，水封高度由风压大小来确定。

4. 现场组装的空调机组应做漏风量测试。

5. 风机盘管应进行单机三速试运转和凝结水管通水试验。

6. 消声器、消声弯头要单独支架，重量不得由风管来承担，消声器内使用的吸声材料应符合防火、防潮和耐腐蚀性能的要求。

7. 防尘器安装应位置正确、牢固平稳，进出口方向符合设计要求。除尘器内外表面应光滑平整，弧度均匀，所用材料符合设计要求。

8. 框架及袋式粗、中效空气过滤器的安装要便于拆卸和滤料更换，过滤器与框架、E架与空气处理室的维护结构之间应严密。

二十五、建筑电气接地装置安装建立要点

1. 防雷接地、保护接地的材质应为热镀锌件，扁钢的厚度、截面、接地线焊接等应按照有关规范进行施工与验收。

2. 接地母线穿墙应加保护管，采用金属保护管时，其保护管也应接地。

3. 高层建筑利用基础钢筋做接地体必须有可测量接地电阻的"测试点"。测试点数量、轴线应符合设计要求，一般不少于 2 个点，离地宜为 500mm，在工程中应一致。

4. 配电箱（柜）金属管（盒）及金属支架均应与 PE 连接。

5. 防雷引下线、接地体需要装设断接卡子或测试点的部位、数量应符合设计要求，设计无要求时，按规范的规定进行检查。

6. 屋顶的避雷网应符合设计规定，由柱主筋（2 根）引至墙面的引线应与避雷带相同的材料，并有明显的搭接部位，搭接部位不应设在墙体内。避雷带的高度宜为 150mm，一般支架水平间距为 1m，支架垂直距离 1.5m，间距应均匀。屋面材料所有金属物体外皮均应避雷网焊牢。

7. 利用建筑物柱子主筋做引下线时应符合规范规定，高层建筑物防雷应按设计施工。

8. 交接验收应检查接地网外露部分连接可靠，接地线规格符合要求，防腐层完好，标志齐全明显。避雷带、针安装位置高低符合设计，供连接临时接地线用的连接板数量、位置符合设计要求。工频接地电阻符合设计规定。

二十六、电线电缆的敷设监理控制要点

1. 钢管敷设

（1）熟悉电气配管图，若在混凝土整体浇注的顶板、地板或砖墙内暗配电管，应沿最近路线敷设电管，并应减少弯曲，同时暗配管应尽量减少交叉，管长较长且有弯头时应设拉线盒。

（2）直埋地下的电气钢管和潮湿场所的电线保护管应采用厚壁钢管，干燥场所的电线保护管宜采用壁钢管。钢管切断口应平整，管口应光滑，管内无铁削、毛刺，钢管无折扁、裂缝。

（3）钢管的内、外壁均应作防腐处理，应特别注意检查内壁是否已作防腐处理。

（4）配管和桥架等通过建筑物沉降和伸缩缝处的任何配管、线槽、桥架和避雷装置等电气设施，应有补偿装置（过路箱），两厢之间应用软管连接，以防基础下沉不均匀导致管子和线槽、桥架等损坏。

2. PVC 塑料管

（1）PVC 塑料管的材质必须符合具有阻燃自熄型塑料附件。

（2）硬塑料管沿建筑物表面敷设时，应按设计装设温度补偿装置，塑料管直埋于地下或楼板内露出地面的一段应采取保护措施，在混凝土内的部分应有防机械损伤措施。

3. 吊顶内配管

（1）吊顶内的配管一般应使用钢管，吊顶内严禁采用直敷布线。

（2）吊顶内设置的线管应按明配管的要求施工，应有单独的吊挂或支撑装置，不得固定在顶棚的吊架或龙骨上或者其他管线的支架上。管卡、支架等金属附件应镀锌或刷防锈漆、面漆。

（3）吊顶内敷设的管应排列整齐，固定牢固。钢管与金属支架、龙骨等应有统一接地线，吊顶内不许有裸露导线，监理应在封吊顶前组织各方检查整改到位。

4. 管内穿线

（1）管内穿线宜在建筑物抹灰、粉刷初装修完及地面工程结算后进行。穿线前，应将电线保护管内的积水及杂物清除干净。不同回路、不同电压等级和交流与直流的导线，以及相互干扰的导线，不得穿在同一管内；同一交流回路的导线应穿如同一钢管内。导线在管内不应有接头和扭结，接头应设在接线盒（箱）内。

（2）导线应按不同用途使用不同颜色加以区别，至少应在各接线端处用色标区分开。

导线穿入钢管时，管口处应设防护线保护导线。导线应预留一定的长度。

5. 线槽、桥架敷设

（1）敷设导线的线槽，按其材质分为金属和塑料等两种制品。线槽内敷设的导线应按回路绑扎成束，并应适应固定，导线不得在线槽内有接头。桥架或托盘内不得直接敷设导线。

（2）金属线槽应做镀锌或者其他防腐处理。塑料线槽必须经阻燃处理，外壁应有间距不大于1m的连续阻燃标记和制造厂标。固定或连接线槽、桥架、托盘的螺钉或其他紧固件，紧固后，其端部应与线槽、桥架等内表面光滑相接。

（3）金属线槽应可靠接地或接零，但不应作为设备的接地导线。

6. 电缆敷设

（1）电缆及其附件达到现场以后，应检查技术文件、电缆型号、规格、长度，外观应不受损，封端应严密，存放地基应坚实，存放处无积水，电缆桥架应分类保管，不得因受力变形。

（2）电缆管管口应无毛刺和尖锐棱角，管口宜做出喇叭形。

（3）电缆管明敷时，安装应牢固。电缆支架应焊接牢固，支架必须进行防腐处理，支架全长均应有良好接地。

（4）电缆敷设时应排列整齐，不宜交叉立口以固定，并及时装设标志牌。标志牌应在电缆终端头、电缆接头、拐弯处、夹层内、隧道及竖井的两端等地方设置，其上应注明线路编号、电缆型号、规格及起止点。

（5）高低压电力电缆、强弱电控制电缆应按顺序分层配置，由上而下。

（6）电缆终端上应有明显的相色标记，且与系统相位一致。控制电缆终端可采用一般包扎，接头应有防潮措施。塑料电缆宜用自粘带、粘胶带、胶粘剂（热熔剂）等方式密封。塑料护套表面应打毛，粘接表面应用溶剂除去油污，粘结良好。

（7）交接验收应检查电缆规格、排列、标志牌、电缆固定、弯曲半径、电缆终端、接地、支架防腐、沟盖板、杂物、排水、直埋路径标志、防火措施等。

（8）电力电缆试验应包括直流耐压试验及泄漏电流测量，检查电缆线路两端相位一致，并与电网相位相符。测量各电缆线芯对底或对金属屏蔽层间和各线芯间绝缘电阻等内容。

二十七、设备的试压

1. 水压试验

水压试验是在被试设备内充满水后，再用试压泵继续向内压水，使设备内形成一定的压力，借助水的压强对容器壁进行强度试验。

2. 气压试验

气压试验时用压缩空气打入承压设备内，进行设备的强度试验。气压试验比水压试验灵敏、迅速，但危险性较大，因此，气压试验必须具有可靠的安全措施，才能进行。

3. 气密性试验

气密性试验就是密封性试验。上述的水压试验和气压试验既可做设备的强度试验，也可试验设备的密封性能，而且密封性试验尽可能与强度试验一并进行。当试压介质不同时，只能分别进行，即先强度后密封。工作介质为液体时，可用水压试验；工作介质为气体时，试验介质用空气或惰性气体。

二十八、试车的步骤

1. 由无负荷到负荷。
2. 由部件到组件，由组件到单机，由单机到机组。
3. 分系统进行，先主动系统后从动系统。
4. 由低速逐级增至高速。
5. 先手控、后遥控运转，最后进行自控运转。

第四章　进度及造价控制

一、影响进度的常见因素

1. 业主使用要求改变或设计不当而进行设计变更。

2. 业主提供的场地条件不能及时或不能正常满足工程需要，如施工临时占地申请手续未及时办妥等。

3. 勘察资料不明确，特别是地质资料错误或遗漏而引起的未能预料的技术障碍。

4. 设计、施工中采用不成熟的工艺，技术方案失当。

5. 图纸供应不及时、不配套或出现差错。

6. 外界配合条件有问题，如交通运输受阻，水、电供应条件不具备等。

7. 计划不周，导致停工待料和相关作业脱节，工程无法正常进行。

8. 各单位、各工序间交接，配合上的矛盾，打乱计划安排。

9. 材料、构配件、机具、设备供应环节的差错，品种、规格、数量、时间不能满足工程的需要。

10. 受地下埋藏文物的保护、处理的影响。

11. 社会干扰，如外单位临时工程施工干扰，节假日交通、市容整顿的限制等。

12. 安全、质量事故的调查、分析、处理及争执的调解、仲裁等。

13. 向有关部门提出各种申请审批手续的延误。

14. 业主资金方面的问题，如未及时向施工单位或供应商拨款。

15. 突发事件影响，如恶劣天气、地震、临时停水、停电、交通中断、社会动乱等。

16. 业主越过监理职权无端干扰，造成指挥混乱。

二、进度控制的主要方法

1. 进度控制的行政方法

利用行政手段控制进度，是指上级单位、上级领导及本单位的领导利用其行政地位和权力，通过发布进度指令，进行指导、协调、考核，并利用激励手段（奖、罚、表扬、批评）以及监督、督促等方式进行进度控制。

行政手段控制进度的重点是进度控制目标的决策和指导，在实施中应由实施者自行控制，尽量减少行政干预。

2. 进度控制的经济方法

（1）建设银行通过投资的投放速度控制工程项目的实施进度。

（2）在承发包合同中写进有关工期和进度的条款。

（3）建设单位通过招标的进度优惠条件鼓励施工单位加快进度。

（4）建设单位通过工期提前奖励和延期罚款实施进度控制，通过物资的供应进行控制。

3. 进度控制的管理技术方法

进度控制的技术方法主要是监理工程师的规划、控制和协调。具体包括：确定项目的总进度目标和分进度目标；在项目进展的全过程中，进行计划进度与实际进度的比较，一旦发现偏离，及时采取措施进行纠正；协调参加单位之间的进度关系。

4. 进度控制的措施

（1）组织措施：落实人员、制定制度、进行进度分析。

（2）技术措施：通过技术手段缩短持续时间、间歇（加早强剂），加快进度，重编进度计划。

（3）合同措施：多分标段、奖励。

（4）经济措施：增加投入、加速资金支付。

（5）信息管理措施：及时比较。

三、建设工程施工进度控制工作内容

1. 编制施工进度控制工作细则

2. 编制或审核施工进度计划

3. 按年、季、月编制工程综合计划

4. 下达工程开工令

5. 协助承包单位实施进度计划

6. 监督施工进度计划的实施

7. 组织现场协调会

8. 签发工程进度款支付证书

9. 审批工程延期

10. 向业主提供进度报告

11. 督促承包单位整理技术资料

12. 签署工程竣工报验单、提交质量评估报告。

13. 整理工程进度资料

14. 工程移交

四、项目监理部工程施工进度控制的细则内容

1. 施工进度控制目标分解图

2. 施工进度控制的主要工作内容和深度

3. 进度控制人员职责分工

4. 与进度控制有关各项工作的时间安排及工作流程

5. 进度控制的方法（包括进度检查周期、数据采集方式、进度报表格式、统计分析

方法等)

　　6. 进度控制的具体措施（包括组织措施、技术措施、经济措施及合同措施等）

　　7. 施工进度控制目标实现的风险分析

　　8. 尚待解决的有关问题

五、施工进度计划审核的主要内容

　　1. 进度安排是否符合工程项目建设总进度计划中总目标和分目标的要求，是否符合施工合同中开工、竣工日期的规定。

　　2. 施工总进度计划中的项目是否有遗漏，分期施工是否符合分批动用的需要和配套动用的要求。

　　3. 施工顺序的安排是否符合施工工艺的要求。

　　4. 劳动力、材料、构配件、设备及施工机具、水、电等生产要素的供应计划是否能保证施工进度计划的实现，供应是否均衡，需求高峰期是否有足够能力实现计划供应。

　　5. 总包、分包单位分别编制的各项单位工程施工进度计划之间是否相协调，专业分工计划衔接是否明确合理。

　　6. 对于业主负责提供的施工条件（包括资金、施工图纸、施工场地、采供的物资等）在施工进度计划中安排得是否明确、合理，是否有造成因业主违约而导致工程延期和费用索赔的可能存在。

六、施工进度计划审核的注意事项

　　1. 如果监理工程师在审查施工进度计划的过程中发现问题，应及时向承包单位提出书面修改意见，并协助承包单位修改，其中重大问题应及时向业主汇报。

　　2. 编制和实施施工进度计划是承包单位的责任，监理工程师仅对施工进度计划进行审查和批准，并不解除承包单位对施工进度计划的任何责任和义务。

　　3. 监理工程师审查施工进度计划的主要目的是为了防止承包单位计划不当，以及为承包单位保证实现合同规定的进度目标提供帮助。监理工程师不能够强制地干预承包单位的进度安排以及支配施工中所需要劳动力、设备和材料。

　　4. 施工进度计划一经监理工程师确认，即应当视为合同文件的一部分，它是以后处理承包单位提出的工程延期或费用索赔的一个重要依据。

七、工程延期和延误的处理注意事项

　　1. 工程延误
　　由于承包单位自身的原因造成的进度拖延，称为工程延误。
　　2. 工程延期
　　由于承包单位以外的原因造成的进度拖延，称为工程延期。
　　3. 工程延误的处理注意事项

（1）当出现工程延误时，监理工程师有权要求承包单位采取有效措施加快施工进度。如果经过一段时间后，实际进度没有明显改进，仍然拖后于计划进度，而且必然会影响工程按期竣工时，监理工程师应要求承包单位修改进度计划，并提交给监理工程师重新确认。

（2）监理工程师对修改后的施工进度计划的确认，并不是对工程延误的批准，仅仅是要求承包单位在合理的状态下施工。因此，监理工程师对进度计划的确认，并不能够解除承包单位应负的一切责任，承包单位需要承担赶工的全部额外开支以及支付误期损失赔偿。

4. 工程延期的处理注意事项

（1）当出现工程延期时，承包单位有权提出延长工期的申请。监理工程师应根据合同规定，审批工程延期时间。经监理工程师核实批准的工程延期时间，应纳入合同工期，作为合同工期的一部分，即新的合同工期应等于原定的合同工期加上监理工程师批准的工程延期时间。

（2）监理工程师是否将施工进度的拖延批准为工程延期，对承包单位和业主都十分重要。如果承包单位得到监理工程师批准的工程延期，不仅可以不赔偿由于工程延长而支付的延误损失费，而且还由业主承担额外增加的费用。

5. 监理工程师应按照合同的有关规定，公正地区分工程延误和工程延期，并合理地批准工程延期时间。

八、施工进度的检查方式

1. 定期性、经常性地收集由承包单位提交的有关进度报表资料。报表应包括开始时间、完成时间、持续时间、逻辑关系、实物工程量和工程量，以及工作时差的利用情况。监理工程师从中掌握工程进展情况。

2. 由驻地监理人员现场跟踪检查建设工程的实际进展情况。检查次数，应根据建设工程的类型、规模、监理范围及施工现场的条件等多方面的因素而定。

3. 由监理工程师定期组织现场施工负责人召开现场会议，了解施工过程中潜在的问题，以便及时采取相应的措施加以预防。

4. 施工进度检查的主要方法就是对比法，即将经过整理的实际进度数据与计划进度数据进行比较，从中发现是否出现进度偏差以及偏差的大小。通过检查分析，如果进度偏差比较小，应在分析其产生原因的基础上采取有效措施，解决矛盾，排除障碍，继续执行原进度计划；如果经过努力，确实不能按原计划实现时，再考虑对原计划进行必要的调整，即适当延长工期或改变施工速度。

九、进行计划的调整措施

（一）缩短某些工作的持续时间

该方法不改变工作之间的先后顺序关系，而是通过缩短网络计划中关键线路上工作的持续时间来缩短工期。

1. 组织措施

（1）增加工作面，组织更多的施工队伍。

（2）增加每天的施工时间（如采用三班倒等）。

（3）增加劳动力和施工机械的数量。

2. 技术措施

（1）改进施工工艺和施工技术措施，缩短工艺技术间歇时间。

（2）采用更先进的施工方法，以减少施工过程的数量，如将现浇框架方案改为预制装配方案。

（3）采用更先进的施工机械。

3. 经济措施

（1）实行包干奖励。

（2）提高奖金数额。

（3）对所采取的技术措施给予相应的经济补偿。

4. 其他配套措施

（1）改善外部配合条件。

（2）改善劳动条件。

（3）实施强有力的调度等。

5. 无论采取何种措施，都会增加费用支出。在调整施工进度计划时，应利用费用优化的原理，优先选择费用增加量最小的关键工作作为压缩对象。

（二）改变某些工作间的逻辑关系

1. 不改变工作的持续时间，而只是改变工作开始时间和完成时间。

2. 对于大型建设工程，由于其单位工程较多且相互间的制约比较少，可调整的幅度比较大，所以容易采用平行作业的方法来调整施工进度计划。

3. 对于单位工程项目，由于受工作之间工艺关系的限制，可调整的幅度比较小，所以通常采用搭接作业的方法来调整施工进度计划。

4. 同时利用平行施工和搭接施工的两种方法对同一施工进度计划进行调整。

十、工程延期的处理程序

1. 申报工程延期的条件

（1）监理工程师发出工程变更指令而导致工程量增加。

（2）合同所涉及的任何可能造成工程延期的原因，如延期交图、工程暂停、对合格工程的剥离检查及不利的外界条件等。

（3）异常恶劣的气候条件。

（4）由业主造成的任何延误、干扰或障碍，如未及时提供施工场地、未及时拨付款等。

（5）除承包单位自身以外的其他任何原因。

2. 工程延期的审批

（1）当工程延期事件发生时，承包单位应在合同规定的有效期内以书面形式（即工程延期意向通知）通知监理工程师，以便监理工程师尽早了解所发生的事件，及时作出一些减少延期损失的决定。

（2）承包单位应在合同规定的有效期内或监理工程师可能同意的合理期限内，向监理工程师提交详细的申诉报告，说明延期理由及依据。

（3）监理工程师收到该报告后应及时进行调查核实，准确地确定工程延期时间。

（4）当延期事件持续发展时，承包单位在合同规定的有效期内不能提交最终详细的申述报告时，应向监理工程师提交阶段性的详情报告。

（5）监理工程师应在调查核实阶段性报告的基础上，尽快作出延长工期的临时决定。

（6）待延期事件结束后，承包单位应在合同规定的期限内向监理工程师提交最终的详情报告。

（7）监理工程师应复查详情报告的全部内容，然后确定该延期事件所需要的延期时间。

（8）如果遇到比较复杂的延期事件，监理工程师可以成立专门小组进行处理。

（9）监理工程师在做出临时工程延期批准或最终工程延期批准之前，均应与业主和承包单位进行沟通。

3. 工程延期的审批原则

（1）合同条件。

（2）影响工期。

（3）实际情况。

4. 工程延期的控制

（1）选择合适的时机下达工程开工令。

（2）提醒业主履行施工承包合同中所规定的职责。

（3）妥善处理工程延期事件。

十一、工程延误处理的手段

1. 拒绝签署付款凭证

当承包单位的施工活动达不到监理工程师要求时，监理工程师有权拒绝承包单位的支付申请。因此，当承包单位的施工进度拖后且不采取积极措施时，监理工程师可以采取拒绝签署付款凭证的手段制约承包单位。

2. 误期损失赔偿

拒绝签署付款凭证一般是监理工程师在施工过程中制约承包单位延期工程的手段，而误期损失赔偿则是当承包单位未能按合同规定的工期完成合同范围内的工作时对其所做的处罚。如果承包单位未能按合同规定的工期和条件完成整个工程，则应向业主支付违约金。

3. 取消承包资格

（1）如果承包单位严重违反合同且不采取补救措施，则业主方为了保证合同工期有权取消其承包资格。例如，承包单位接到监理工程师的开工通知后，无正当理由推迟开工时间，或在施工过程中无任何理由要求延长工期，施工进度缓慢，又无视监理工程师的书面警告等，都有可能受到取消承包资格的处罚。

（2）取消承包资格是对承包单位违约的严厉制裁，因为业主一旦取消了承包单位的承包资格，承包单位不但要被驱逐出施工现场，而且还要承担由此而造成的业主的损失费用。这种惩罚措施一般不轻易采用，而且在作出这项决定前，业主必须事先通知承包单位，并要求其在规定的期限内作好辩护准备。

十二、建设工程造价的组成

（一）建设工程造价的组成

1. 分部分项工程费

2. 措施项目费

3. 其他项目费

4. 规费和税金

（二）措施项目清单

1. 安全文明施工

2. 夜间施工

3. 二次搬运

4. 冬雨期施工

5. 大型机械设计进出场及安拆

6. 施工排水

7. 施工降水

8. 地上、地下设施、建筑物的临时保证设施

9. 已完工程及设备保护

10. 各专业工程的措施项目

（三）其他项目

1. 暂列金额

2. 暂估价

（1）材料暂估价

（2）专业工程暂估价

3. 记日工

4. 总承包服务费

十三、建设工程总投资的组成

（一）建设投资

1. 设备及工、器具购置费用

（1）设备购置费（设备原价及设备运杂费）

（2）工、器具及生产家具购置费

2. 建筑安装工程费用

（1）直接费

（2）间接费

（3）利润

（4）税金

3. 工程建设其他费用

（1）土地使用费

（2）与项目建设有关的其他费用

（3）与未来企业生产经营有关的其他费用

4. 预备费

（1）基本预备费

（2）涨价预备费

5. 建设期利息

6. 固定资产投资方向调节税

（二）铺底流动资金

铺底流动资金是指生产性建设工程项目为保证生产和经营正常进行，按规定应列入建设工程项目总投资的铺底流动资金。一般按流动资金的30%计算。

十四、建筑安装工程费的构成

（一）直接费

1. 直接工程费

（1）人工费

（2）材料费

（3）施工机械使用费

2. 措施费

（1）环境保护费

（2）文明施工费

（3）安全施工费

（4）临时设施费

（5）夜间施工费

（6）二次搬运费

（7）大型设备进出场及安拆费

（8）混凝土、钢筋混凝土模板及支架费

（9）脚手架费

（10）已完工程及设备保护费

（11）施工排水、降水费

（二）间接费

1. 规费

（1）工程排污费

（2）工程定额测定费

（3）社会保障费（养老保险费、失业保险费、医疗保险费）

（4）住房公积金

（5）危险作业意外伤害保险

2. 企业管理费

（1）管理人员工资

（2）办公费

（3）差旅交通费

（4）固定资产使用费

（5）工具用具使用费

（6）劳动保险费

（7）工会经费

（8）职工教育经费

（9）财产保险费

（10）财务费

（11）税金

（12）其他

（三）利润

（四）税金

十五、工程建设其他费用的构成

（一）土地使用费

1. 农用土地征用费

（1）土地补偿费

（2）安置补助费

（3）土地投资补偿费

（4）土地管理费

（5）耕地占用税

2. 取得国有土地使用费

（1）土地使用权出让金

（2）城市建设配套费

（3）拆迁补偿与临时安置补助费

（二）与项目建设有关的费用

1. 建设单位管理费

（1）建设单位开办费

（2）建设单位经费

2. 勘察设计费

3. 研究试验费

4. 临时设施费

5. 工程监理费

6. 工程保修费

7. 引进技术和进口设备其他费

（三）与未来企业生产经营有关的其他费用

1. 联合试运转费

2. 生产准备费

3. 办公和生活家具购置费

十六、施工阶段投资控制的措施

1. 组织措施

（1）落实从投资角度进行施工跟踪的人员、任务分工和职能分工。

（2）编制本阶段投资控制工作计划和详细的工作流程。

2. 经济措施

（1）编制资金使用计划，确定、分解投资控制目标。对工程项目造价目标进行风险分析，并制定防范性对策。

（2）进行工程计量。

（3）复核工程付款账单，签发付款证书。

（4）在施工过程中进行投资跟踪控制，定期地进行投资实际支出值与计划目标值的比较。发现偏差，分析产生偏差的原因，采取纠偏措施。

（5）协商确定工程变更的价款，审核竣工结算。

（6）对工程施工过程中投资支出做好分析与预测，经常或定期向建设单位提交项目投资控制及其存在问题的报告。

3. 技术措施

（1）对设计变更进行技术经济比较，严格控制设计变更。

（2）继续寻找通过设计节约投资的可能性。

（3）审核承包商编制的施工组织设计，对主要施工方案进行技术经济分析。

4. 合同措施

（1）做好工程施工记录，保存各种文件图纸，特别是标注实际施工变更情况的图纸，注意积累素材，为正确处理可能发生的索赔提供依据，并参与处理索赔事宜。

（2）参与合同修改、补充工作，着重考虑其对投资控制的影响。

十七、工程计量的有关规定

1. 工程计量的程序

（1）按施工合同（示范文本）约定的程序

（2）按建设工程监理规范规定的程序

（3）按 FIDIC 施工合同约定的工程计量程序

2. 工程计量的依据

（1）质量合格证明书

（2）工程量清单计价规范里的规定

（3）设计图纸

3. 监理工程师需要计量的工程量
（1）工程量清单中的全部项目
（2）合同文件中规定的项目
（3）工程变更项目

十八、项目监理机构对工程变更的管理

1. 设计单位对原设计中存在的缺陷提出的工程变更，应编制设计变更文件。建设单位或承包单位提出的变更，应提交总监理工程师，由总监理工程师组织专业监理工程师审查。经审查同意后，应由建设单位转交原设计单位编制设计变更文件。当工程变更涉及安全、环保等内容时，应按规定经有关部门审定。

2. 项目监理机构应了解实际情况，收集与工程变更有关的资料。

3. 总监理工程师必须根据实际情况、设计变更文件和其他有关资料，按照施工合同的有关款项，在指定专业监理工程师完成相关工作后，对工程变更的费用和工期做出评估。其中，专业监理工程师需要完成的工作包括：

（1）确定工程变更项目与原工程项目之间的类似程度和难易程度。
（2）确定工程变更项目的工程量。
（3）确定工程变更的单价或总价。

4. 关于工程变更费用与工期的评估情况，总监理工程师应与承包单位和建设单位进行协调。

5. 总监理工程师签发工程变更单，其内容应包括工程变更要求、工程变更说明、工地变更费用和工期、必要的附件等内容，有设计变更文件的工程变更应附设计变更文件。

6. 项目监理机构根据项目变更单监督承包单位实施。在建设单位和承包单位未能就工程变更的费用等方面达成协议时，项目监理机构应提出一个暂定的价格，作为临时支付工程款的依据。该工程款最终结算时，应以建设单位与承包单位达成的协议为依据。在总监理工程师签发工程变更单之前，承包单位不得实施工程变更。未经总监理工程师审查同意而实施的工程变更，项目监理机构不得予以计量。

十九、工程变更价款的确定

《建设工程施工合同示范文本》中工程变更价款的确定方法如下：
1. 合同中已有适用于变更工程的价格，按合同已有的价格变更合同价款。
2. 合同中只有类似于变更工程的价格，可以参照类似价格变更合同价款。
3. 合同中没有适用或类似于变更工程的价格，由承办人提出适当的变更价格，经工程师确认后执行。

二十、承包商向业主的索赔

1. 不利的自然条件与人为障碍引起的索赔

（1）地质条件变化引起的索赔。

（2）工程中人为障碍引起的索赔。

2. 工程变更引起的索赔

3. 工期延期的索赔

引起工期索赔的原因包括：

（1）合同文件的内容出错或互相矛盾。

（2）监理工程师在合理的时间内未发出承包商要求的图纸和指示。

（3）有关放线的资料不准确。

（4）不利的自然条件。

（5）在现场发现化石、钱币、有价值的文物或物品。

（6）额外的样本与试验。

（7）业主和监理工程师命令暂停施工。

（8）业主未能按时提供现场。

（9）业主违约。

（10）不可抗力。

凡属于客观原因造成的延期，属于业主也无法预见到的情况，如特殊反常天气等，承包商可得到延长工期，但得不到费用补偿；凡纯属业主方的原因造成拖期，承包商不仅可得到延长工期，还应得到费用补偿。

4. 加速施工费用的索赔

5. 业主不正当终止工程而引起的索赔

6. 物价上涨引起的索赔

7. 拖延支付工程款的索赔

8. 业主的风险

9. 不可抗力

二十一、业主向承包商的索赔

1. 工期延误的索赔

业主在确定误期损害赔偿费的费率时，一般考虑以下因素：

（1）业主盈利损失。

（2）由于工程拖期而引起的贷款利息增加。

（3）由于工程拖期带来的附加监理费。

（4）由于工程拖期而继续租用原建筑物或租用其他建筑物的租赁费。

2. 质量不满足合同要求的索赔

3. 承包商不履行的保险费用索赔

4. 对超额利润的索赔

5. 对指定分包商的付款索赔

6. 业主合理终止合同或承包商不正当地放弃工程的索赔

二十二、可索赔的费用

1. 直接费
(1) 人工费
(2) 材料费
(3) 施工机械使用费
2. 分包费
3. 间接费
(1) 工地管理费
(2) 保函手续费
(3) 保险费
(4) 临时设施费
(5) 咨询费
(6) 交通设施费
(7) 代理费
(8) 利息
(9) 税金
(10) 总部管理费（管理人员工资、通信费、办公费、差旅费、职工福利费）
(11) 其他
4. 利润

二十三、索赔费用的技术方法

1. 实际费用法
以承包商为某项工资所支付的实际开支为依据，向业主要求费用补偿。用实际费用计算法计算时，在直接费的额外费用部分的基础上，再加上应得的间接费和利润，即是承包商应得的索赔金额。

2. 总费用法
当发生多次索赔事件以后，重新计算该工程的实际总费用，实际总费用减去投标报价时的估算总费用，即为索赔金额。

3. 修正的总费用法
在总费用的计算原则下，去掉一些不合理的因素，使其更合理。修正的内容如下：
(1) 将计算索赔款的时段局限于受到外界影响的时间，而不是整个施工期。
(2) 只计算受影响时段内的某项工作所受影响的损失，而不是计算该时段内所有施工工作所受的损失。
(3) 与该项工作无关的费用不列入总费用中。
(4) 对投标报价费用重新进行核算。按受影响时段内该项工作的实际单价进行核算，乘以实际完成的该项工作的工程量，得出调整后的报价费用。

按修正后的总费用计算索赔金额的公式为：

索赔金额＝某项工作调整后的实际总费用－该项工作调整后的报价费用

二十四、工程价款的主要结算方式

1. 按月结算

先预付工程备料款，在施工过程中按月结算工程进度款，竣工后进行竣工结算。

2. 竣工后一次结算

建设项目或单项工程的全部建筑安装工程建设期在 12 个月以内，或者工程承包合同价值在 100 万元以下的，可以实行工程价款每月月中预支，竣工后一次结算。

3. 分段计算

当年开工、当年不能竣工的单项工程或单位工程按照工程形象进度，划分不同阶段进行结算。分段结算可以按月预支工程款。

二十五、竣工结算的审查内容

1. 核对合同条款

（1）应核对竣工工程内容是否符合合同条件要求，工程是否竣工验收合格，只有按合同要求完成全部工程并验收合格后才能进行竣工结算。

（2）应按合同规定的结算方法、计价定额、取费标准、主材价格和优惠条款等，对工程竣工结算进行审核，若发现合同开口或有漏洞，应请建设单位与施工单位认真研究，明确结算要求。

2. 检查隐蔽验收记录

审核竣工结算时应核对隐蔽工程记录和验收签证，当手续完整且工程量与竣工图一致方可列入结算。

3. 落实设计变更签证

（1）设计变更应有原设计单位出具设计变更通知单和修改的设计图纸、核审人员签字并加盖公章，经建设单位和监理工程师审查同意、签证。

（2）重大设计变更应经原审批部门审批，否则不应列入结算。

4. 按图核实工程数量

竣工结算的工程量应依据竣工图、设计变更单和现场签证等进行核算，并按国家统一规定的计算规则技术工程量。

5. 执行定额单价

结算单价应按合同约定或招标规定的计价定额与计价原则执行。

6. 防止各种计算误差

工程竣工结算子目多、篇幅大，往往有计算误差，应认真核算，防止因计算误差多计或少计。

第五章 安全监理控制要点

本章以《建筑施工安全检查标准》JGJ 59—2011 为依据编写，这也是现场监理人员日常检查的标准。

作为现场监理人员，要做好现场的这些日常检查，并且要有一定的力度和执行力，那么现场的监理工作也就做好了。安全监理控制主要是起到监督管理作用，而具体的执行要施工单位去自检执行整改。目前大多工地都配备一些经过上岗培训后的安全监理员和安全监理工程师进行安全控制。

一、安全管理监理控制要点

（一）安全管理保证项目的监理日常检查

1. 安全生产责任制

（1）工程项目部应建立以项目经理为第一责任人的各级管理人员安全生产责任制；

（2）安全生产责任制应经责任人签字确认；

（3）工程项目部应有各工种安全技术操作规程；

（4）工程项目部应按规定配备专职安全员；

（5）对实行经济承包的工程项目，承包合同中应有安全生产考核指标；

（6）工程项目部应制定安全生产资金保障制度；

（7）按安全生产资金保障制度，应编制安全资金使用计划，并应按计划实施；

（8）工程项目部应制定以伤亡事故控制、现场安全达标、文明施工为主要内容的安全生产管理目标；

（9）按安全生产管理目标和项目管理人员的安全生产责任制，应进行安全生产责任目标分解；

（10）应建立对安全生产责任制和责任目标的考核制度；

（11）按考核制度，应对项目管理人员定期进行考核。

2. 施工组织设计及专项施工方案

（1）工程项目部应在施工前编制施工组织设计，并针对工程特点、施工工艺制定安全技术措施；

（2）危险性较大的分部分项工程应按规定编制安全专项施工方案，专项施工方案应有针对性，并按有关规定进行设计计算；

（3）超过一定规模危险性较大的分部分项工程，施工单位应组织专家对专项施工方案进行论证；

（4）施工组织设计和安全专项施工方案应由有关部门审核，施工单位技术负责人、监理单位项目总监批准；

（5）工程项目部应按施工组织设计和专项施工方案组织实施。

3. 安全技术交底

（1）施工负责人在分派生产任务时，应对相关管理人员、施工作业人员进行书面安全技术交底；

（2）安全技术交底应按施工工序、施工部位、施工栋号分部分项进行；

（3）安全技术交底应结合施工作业场所状况、特点、工序，对危险因素、施工方案、规范标准、操作规程和应急措施进行交底；

（4）安全技术交底应由交底人、被交底人、专职安全员进行签字确认。

4. 安全检查

（1）工程项目部应建立安全检查制度；

（2）安全检查应由项目负责人组织，专职安全员及相关专业人员参加，定期进行并填写检查记录；

（3）对检查中发现的事故隐患应下达隐患整改通知单，定人、定时间、定措施进行整改。重大事故隐患整改后，应由相关部门组织复查。

5. 安全教育

（1）工程项目部应建立安全教育培训制度；

（2）当施工人员入场时，工程项目部应组织进行以国家安全法律法规、企业安全制度、施工现场安全管理规定及各工种安全技术操作规程为主要内容的三级安全教育培训和考核；

（3）当施工人员变换工种或采用新技术、新工艺、新设备、新材料施工时，应进行安全教育培训；

（4）施工管理人员、专职安全员每年度应进行安全教育培训和考核。

6. 应急救援

（1）工程项目部应针对工程特点，进行重大危险源的辨识。制定防触电、防坍塌、防高处坠落、防起重及机械伤害、防火灾、防物体打击等主要内容的专项应急救援预案，并对施工现场易发生重大安全事故的部位、环节进行监控；

（2）施工现场应建立应急救援组织，培训、配备应急救援人员，定期组织员工进行应急救援演练；

（3）按应急救援预案要求，配备应急救援器材和设备。

（二）安全管理一般项目的监理日常检查

1. 分包单位安全管理

（1）总包单位应对承揽分包工程的分包单位进行资质、安全生产许可证和相关人员安全生产资格的审查；

（2）当总包单位与分包单位签订分包合同时，应签订安全生产协议书，明确双方的安全责任；

（3）分包单位应按规定建立安全机构，配备专职安全员。

2. 持证上岗

（1）从事建筑施工的项目经理、专职安全员和特种作业人员，必须经行业主管部门培训考核合格，取得相应资格证书，方可上岗作业；

（2）项目经理、专职安全员和特种作业人员应持证上岗。

3. 生产安全事故处理

（1）当施工现场发生生产安全事故时，施工单位应按规定及时报告；

（2）施工单位应按规定对生产安全事故进行调查分析，制定防范措施；

（3）应依法为施工作业人员办理保险。

4. 安全标志

（1）施工现场入口处及主要施工区域、危险部位应设置相应的安全警示标志牌；

（2）施工现场应绘制安全标志布置图；

（3）应根据工程部位和现场设施的变化，调整安全标志牌设置；

（4）施工现场应设置重大危险源公示牌。

二、文明施工监理控制要点

（一）文明施工保证项目的监理平时检查

1. 现场围挡

（1）市区主要路段的工地应设置高度不小于 2.5m 的封闭围挡；

（2）一般路段的工地应设置高度不小于 1.8m 的封闭围挡；

（3）围挡应坚固、稳定、整洁、美观。

2. 封闭管理

（1）施工现场进出口应设置大门，并应设置门卫值班室；

（2）应建立门卫职守管理制度，并应配备门卫职守人员；

（3）施工人员进入施工现场应佩戴工作卡；

（4）施工现场出入口应标有企业名称或标识，并应设置车辆冲洗设施。

3. 施工场地

（1）施工现场的主要道路及材料加工区地面应进行硬化处理；

（2）施工现场道路应畅通，路面应平整坚实；

（3）施工现场应有防止扬尘措施；

（4）施工现场应设置排水设施，且排水通畅无积水；

（5）施工现场应有防止泥浆、污水、废水污染环境的措施；

（6）施工现场应设置专门的吸烟处，严禁随意吸烟；

（7）温暖季节应有绿化布置。

4. 材料管理

（1）建筑材料、构件、料具应按总平面布局进行码放；

（2）材料应码放整齐，并应标明名称、规格等；

（3）施工现场材料码放应采取防火、防锈蚀、防雨等措施；

（4）建筑物内施工垃圾的清运，应采用器具或管道运输，严禁随意抛掷；

（5）易燃易爆物品应分类储藏在专用库房内，并应制定防火措施。

5. 现场办公与住宿

（1）施工作业、材料存放区与办公、生活区应划分清晰，并应采取相应的隔离措施；

（2）在施工程、伙房、库房不得兼做宿舍；

（3）宿舍、办公用房的防火等级应符合规范要求；

（4）宿舍应设置可开启式窗户，床铺不得超过2层，通道宽度不应小于0.9m；

（5）宿舍内住宿人员人均面积不应小于2.5m²，且不得超过16人；

（6）冬季宿舍内应有采暖和防一氧化碳中毒措施；

（7）夏季宿舍内应有防暑降温和防蚊蝇措施；

（8）生活用品应摆放整齐，环境卫生应良好。

6. 现场防火

（1）施工现场应建立消防安全管理制度、制定消防措施；

（2）施工现场临时用房和作业场所的防火设计应符合规范要求；

（3）施工现场应设置消防通道、消防水源，并应符合规范要求；

（4）施工现场灭火器材应保证可靠有效，布局配置应符合规范要求；

（5）明火作业应履行动火审批手续，配备动火监护人员。

（二）文明施工一般项目的监理日常检查

1. 综合治理

（1）生活区内应设置供作业人员学习和娱乐的场所；

（2）施工现场应建立治安保卫制度，将责任分解落实到人；

（3）施工现场应制定治安防范措施。

2. 公示标牌

（1）大门口处应设置公示标牌，主要内容应包括工程概况牌、消防保卫牌、安全生产牌、文明施工牌、管理人员名单及监督电话牌、施工现场总平面图；

（2）标牌应规范、整齐、统一；

（3）施工现场应有安全标语；

（4）应设有宣传栏、读报栏、黑板报。

3. 生活设施

（1）应建立卫生责任制度并落实到人；

（2）食堂与厕所、垃圾站、有毒有害场所等污染源的距离应符合规范要求；

（3）食堂必须有卫生许可证，炊事人员必须持身体健康证上岗；

（4）食堂使用的燃气罐应单独设置存放间，存放间应通风良好，并严禁存放其他物品；

（5）食堂的卫生环境应良好，且应配备必要的排风、冷藏、消毒、防鼠、防蚊蝇等设施；

（6）厕所内的设施数量和布局应符合规范要求；

（7）厕所必须符合卫生要求；

（8）必须保证现场人员卫生饮水；

（9）应设置淋浴室，且能满足现场人员需求；

（10）生活垃圾应装入密闭式容器内，并应及时清理。

4. 社区服务

（1）夜间施工前，必须经批准后方可进行施工；

（2）施工现场严禁焚烧各类废弃物；

（3）施工现场应制定防粉尘、防噪声、防光污染等措施；

（4）应制定施工不扰民措施。

三、基坑工程安全监理控制要点

（一）基坑工程保证项目的安全监理日常检查

1. 施工方案

（1）基坑工程施工应编制专项施工方案，但开挖深度超过3m或虽未超过3m但地质条件和周边环境复杂的基坑土方开挖、支护、降水工程，应单独编制专项施工方案；

（2）专项施工方案应按规定进行审核、审批；

（3）开挖深度超过5m的基坑土方开挖、支护、降水工程或开挖深度虽未超过5m但地质条件和周围环境复杂的基坑土方开挖、支护、降水工程专项施工方案，应组织专家进行论证；

（4）当基坑周边环境或施工条件发生变化时，专项施工方案应重新进行审核、审批。

2. 基坑支护

（1）人工开挖的狭窄基槽，开挖深度较大并存在边坡塌方危险时，应采取支护措施；

（2）地质条件良好、土质均匀且无地下水的自然放坡的坡率应符合规范要求；

（3）基坑支护结构应符合设计要求；

（4）基坑支护结构水平位移应在设计允许范围内。

3. 降排水

（1）当基坑开挖深度范围内有地下水时，应采取有效的降排水措施；

（2）基坑边沿周围地面应设排水沟，放坡开挖时，应对坡顶、坡面、坡脚采取降排水措施；

（3）基坑底四周应按专项施工方案设排水沟和集水井，并应及时排除积水。

4. 基坑开挖

（1）基坑支护结构必须在达到设计要求的强度后，方可开挖下层土方，严禁提前开挖和超挖；

（2）基坑开挖应按设计和施工方案的要求，分层、分段、均衡开挖；

（3）基坑开挖应采取措施防止碰撞支护结构、工程桩或扰动基底原状土土层；

（4）当采用机械在软土场地作业时，应采取铺设渣土或砂石等硬化措施。

5. 坑边荷载

（1）基坑边堆置土、料具等荷载应在基坑支护设计允许范围内；

（2）施工机械与基坑边沿的安全距离应符合设计要求。

6. 安全防护

（1）开挖深度超过2m及以上的基坑周边必须安装防护栏杆，防护栏杆的安装应符合规范要求；

（2）基坑内应设置供施工人员上下的专用梯道，梯道应设置扶手栏杆，梯道的宽度不应小于1m，梯道搭设应符合规范要求；

（3）降水井口应设置防护盖板或围栏，并应设置明显的警示标志。

（二）基坑工程一般项目的监理日常检查

1. 基坑监测

（1）基坑开挖前应编制监测方案，并应明确监测项目、监测报警值、监测方法和监测点的布置、监测周期等内容；

（2）监测的时间间隔应根据施工进度确定，当监测结果变化速率较大时，应加密观测次数；

（3）基坑开挖监测工程中，应根据设计要求提供阶段性监测结果报告。

2. 支撑拆除

（1）基坑支撑结构的拆除方式、拆除顺序应符合专项施工方案的要求；

（2）当采用机械拆除时，施工荷载应小于支撑结构承载能力；

（3）人工拆除时，应按规定设置防护设施；

（4）当采用爆破拆除、静力破碎等拆除方式时，必须符合国家现行相关规范的要求。

3. 作业环境

（1）基坑内土方机械、施工人员的安全距离应符合规范要求；

（2）上下垂直作业应按规定采取有效的防护措施；

（3）在电力、通信、燃气、上下水等管线 2m 范围内挖土时，应采取安全保护措施，并应设专人监护；

（4）施工作业区域应采光良好，当光线较弱时应设置有足够照度的光源。

4. 应急预案

（1）基坑工程应按规范要求，结合工程施工过程中可能出现的支护变形、漏水等影响基坑工程安全的不利因素，制定应急预案；

（2）应急组织机构应健全，应急的物资、材料、工具、机具等品种、规格、数量应满足应急的需要，并应符合应急预案的要求。

四、模板支架工程监理控制要点

（一）模板支架保证项目的安全监理日常检查

1. 施工方案

（1）模板支架搭设应编制专项施工方案，结构设计应进行计算，并应按规定进行审核、审批；

（2）模板支架搭设高度 8m 及以上、跨度 18m 及以上、施工总荷载 15kN/m^2 及以上、集中线荷载 20kN/m 及以上的专项施工方案应按规定组织专家论证。

2. 支架基础

（1）基础应坚实、平整，承载力应符合设计要求，并能承受支架上部全部荷载；

（2）底部应按规范要求设置底座、垫板，垫板规格应符合规范要求；

（3）支架底部纵、横向扫地杆的设置应符合规范要求；

（4）基础应设排水设施，并应排水畅通；

（5）当支架设在楼面结构上时，应对楼面结构强度进行验算，必要时应对楼面结构采取加固措施。

3. 支架构造

（1）立杆间距应符合设计和规范要求；

（2）水平杆步距应符合设计和规范要求，水平杆应按规范要求连续设置；

（3）竖向、水平剪刀撑或专用斜杆、水平斜杆的设置应符合规范要求。

4. 支架稳定

（1）当支架高宽比大于规定值时，应按规定设置连墙杆或采用增加架体宽度的加强措施；

（2）立杆伸出顶层水平杆中心线至支撑点的长度应符合规范要求；

（3）浇筑混凝土时应对架体基础沉降、架体变形进行监控，基础沉降、架体变形应在规定允许范围内。

5. 施工荷载

（1）施工均布荷载、集中荷载应在设计允许范围内；

（2）当浇筑混凝土时，应对混凝土堆积高度进行控制。

6. 交底与验收

（1）支架搭设、拆除前应进行交底，并应有交底记录；

（2）支架搭设完毕，应按规定组织验收，验收应有量化内容并经责任人签字确认。

（二）模板支架一般项目的检查

1. 杆件连接

（1）立杆应采用对接、套接或承插式连接方式，并应符合规范要求；

（2）水平杆的连接应符合规范要求；

（3）当剪刀撑斜杆采用搭接时，搭接长度不应小于1m；

（4）杆件各连接点的紧固应符合规范要求。

2. 底座与托撑

（1）可调底座、托撑螺杆直径应与立杆内径匹配，配合间隙应符合规范要求；

（2）螺杆旋入螺母内长度不应少于5倍的螺距。

3. 构配件材质

（1）钢管壁厚应符合规范要求；

（2）构配件规格、型号、材质应符合规范要求；

（3）杆件弯曲、变形、锈蚀量应在规范允许范围内。

4. 支架拆除

（1）支架拆除前结构的混凝土强度应达到设计要求；

（2）支架拆除前应设置警戒区，并应设专人监护。

五、塔吊安全监理控制要点

（一）塔式起重机保证项目的安全监理日常检查要点

1. 载荷限制装置

（1）应安装起重量限制器并应灵敏可靠，当起重量大于相应档位的额定值并小于该额定值的110%时，应切断上升方向上的电源，但机构可作下降方向的运动；

（2）应安装起重力矩限制器并应灵敏可靠，当起重力矩大于相应工况下的额定值并小于该额定值的110%时，应切断上升和幅度增大方向的电源，但机构可作下降和减小幅度方向的运动。

2. 行程限位装置

（1）应安装起升高度限位器，起升高度限位器的安全越程应符合规范要求，并应灵敏可靠；

（2）小车变幅的塔式起重机应安装小车行程开关，动臂变幅的塔式起重机应安装臂架幅度限制开关，并应灵敏可靠；

（3）回转部分不设集电器的塔式起重机应安装回转限位器，并应灵敏可靠；

（4）行走式塔式起重机应安装行走限位器，并应灵敏可靠。

3. 保护装置

（1）小车变幅的塔式起重机应安装断绳保护及断轴保护装置，并应符合规范要求；

（2）行走及小车变幅的轨道行程末端应安装缓冲器及止挡装置，并应符合规范要求；

（3）起重臂根部绞点高度大于50m的塔式起重机应安装风速仪，并应灵敏可靠；

（4）当塔式起重机顶部高度大于30m且高于周围建筑物时，应安装障碍指示灯。

4. 吊钩、滑轮、卷筒与钢丝绳

（1）吊钩应安装钢丝绳防脱钩装置并应完整可靠，吊钩的磨损、变形应在规定允许范围内；

（2）滑轮、卷筒应安装钢丝绳防脱装置并应完整可靠，滑轮、卷筒的磨损应在规定允许范围内；

（3）钢丝绳的磨损、变形、锈蚀应在规定允许范围内，钢丝绳的规格、固定、缠绕应符合说明书及规范要求。

5. 多塔作业

（1）多塔作业应制定专项施工方案并经过审批；

（2）任意两台塔式起重机之间的最小架设距离应符合规范要求。

6. 安拆、验收与使用

（1）安装、拆卸单位应具有起重设备安装工程专业承包资质和安全生产许可证；

（2）安装、拆卸应制定专项施工方案，并经过审核、审批；

（3）安装完毕应履行验收程序，验收表格应由责任人签字确认；

（4）安装、拆卸作业人员及司机、指挥应持证上岗；

（5）塔式起重机作业前应按规定进行例行检查，并应填写检查记录；

（6）实行多班作业，应按规定填写交接班记录。

（二）塔式起重机一般项目的检查

1. 附着

（1）当塔式起重机高度超过产品说明书规定时，应安装附着装置，附着装置安装应符合产品说明书及规范要求；

（2）当附着装置的水平距离不能满足产品说明书要求时，应进行设计计算和审批；

（3）安装内爬式塔式起重机的建筑承载结构应进行受力计算；

（4）附着前和附着后塔身垂直度应符合规范要求。

2. 基础与轨道

（1）塔式起重机基础应按产品说明书及有关规定进行设计、检测和验收；

（2）基础应设置排水措施；

（3）路基箱或枕木铺设应符合产品说明书及规范要求；

（4）轨道铺设应符合产品说明书及规范要求。

3. 结构设施

（1）主要结构件的变形、锈蚀应在规范允许范围内；

（2）平台、走道、梯子、护栏的设置应符合规范要求；

（3）高强螺栓、销轴、紧固件的紧固、连接应符合规范要求，高强螺栓应使用力矩扳手或专用工具紧固。

4. 电气安全

（1）塔式起重机应采用 TN-S 接零保护系统供电；

（2）塔式起重机与架空线路的安全距离和防护措施应符合规范要求；

（3）塔式起重机应安装避雷接地装置，并应符合规范要求；

（4）电缆的使用及固定应符合规范要求。

六、悬挑脚手架安全监理控制要点

（一）悬挑式脚手架保证项目的检查

1. 施工方案

（1）架体搭设应编制专项施工方案，结构设计应进行计算；

（2）架体搭设超过规范允许高度，专项施工方案应按规定组织专家论证；

（3）专项施工方案应按规定进行审核、审批。

2. 悬挑钢梁

（1）钢梁截面尺寸应经设计计算确定，且截面形式应符合设计和规范要求；

（2）钢梁锚固端长度不应小于悬挑长度的 1.25 倍；

（3）钢梁锚固处结构强度、锚固措施应符合设计和规范要求；

（4）钢梁外端应设置钢拉杆与上层建筑结构拉结；

（5）钢梁间距应按悬挑架体立杆纵距设置。

3. 架体稳定

（1）立杆底部应与钢梁连接柱固定；

（2）承插式立杆接长应采用螺栓或销钉固定；

（3）纵横向扫地杆的设置应符合规范要求；

（4）剪刀撑应沿悬挑架体高度连续设置，角度应为 45°~60°；

（5）架体应按规定设置横向斜撑；

（6）架体应采用刚性连墙件与建筑结构拉结，设置的位置、数量应符合设计和规范要求。

4. 脚手板

（1）脚手板材质、规格应符合规范要求；

（2）脚手板铺设应严密、牢固，探出横向水平杆长度不应大于150mm。

5. 荷载

架体上施工荷载应均匀，并不应超过设计和规范要求。

6. 交底与验收

（1）架体搭设前应进行安全技术交底，并应有文字记录；

（2）架体分段搭设、分段使用时，应进行分段验收；

（3）搭设完毕应办理验收手续，验收应有量化内容并经责任人签字确认。

（二）悬挑式脚手架一般项目的安全监理日常检查

1. 杆件间距

（1）立杆纵、横向间距和纵向水平杆步距应符合设计和规范要求；

（2）作业层应按脚手板铺设的需要增加横向水平杆。

2. 架体防护

（1）作业层应按规范要求设置防护栏杆；

（2）作业层外侧应设置高度不小于180mm的挡脚板；

（3）架体外侧应采用密目式安全网封闭，网间连接应严密。

3. 层间防护

（1）架体作业层脚手板下应采用安全平网兜底，以下每隔10mm应采用安全平网封闭；

（2）作业层里排架体与建筑物之间应采用脚手板或安全平网封闭；

（3）架体底层沿建筑结构边缘在悬挑钢梁与悬挑钢梁之间应采取措施封闭；

（4）架体底层应进行封闭。

4. 构配件材质

（1）型钢、钢管、构配件规格材质应符合规范要求；

（2）型钢及钢管弯曲、变形、锈蚀应在规范允许范围内。

七、扣件式钢管脚手架安全监理控制要点

（一）扣件式钢管脚手架保证项目的监理日常检查

1. 施工方案

（1）架体搭设应编制专项施工方案，结构设计应进行计算，并按规定进行审核、审批；

（2）当架体搭设超过规范允许高度时，应组织专家对专项施工方案进行论证。

2. 立杆基础

（1）立杆基础应按方案要求平整、夯实，并应采取排水措施，立杆底部设置的垫板、底座应符合规范要求；

（2）架体应在距立杆底端高度不大于200mm处设置纵、横向扫地杆，并应用直角扣件固定在立杆上，横向扫地杆应设置在纵向扫地杆的下方。

3. 架体与建筑结构拉结

（1）架体与建筑结构拉结应符合规范要求；

（2）连墙件应从架体底层第一步纵向水平杆处开始设置，当该处设置有困难时应采取其他可靠措施固定；

（3）对搭设高度超过24m的双排脚手架，应采用刚性连墙件与建筑结构可靠拉结。

4. 杆件间距与剪刀撑

（1）架体立杆、纵向水平杆、横向水平杆间距应符合设计和规范要求；

（2）纵向剪刀撑及横向斜撑的设置应符合规范要求；

（3）剪刀撑杆件的接长、剪刀撑斜杆与架体杆件的固定应符合规范要求。

5. 脚手板与防护栏杆

（1）脚手板材质、规格应符合规范要求，铺板应严密、牢靠；

（2）架体外侧应采用密目式安全网封闭，网间连接应严密；

（3）作业层应按规范要求设置防护栏杆；

（4）作业层外侧应设置高度不小于180mm的挡脚板。

6. 交底与验收

（1）架体搭设前应进行安全技术交底，并应有文字记录；

（2）当架体分段搭设、分段使用时，应进行分段验收；

（3）搭设完毕应办理验收手续，验收应有量化内容并经责任人签字确认。

（二）扣件式钢管脚手架一般项目的监理日常检查

1. 横向水平杆设置

（1）横向水平杆应设置在纵向水平杆与立杆相交的主节点处，两端应与纵向水平杆固定；

（2）作业层应按铺设脚手板的需要增加设置横向水平杆；

（3）单排脚手架横向水平杆插入墙内不应小于180mm。

2. 层间防护

（1）作业层脚手板下应采用安全平网兜底，以下每隔10m应采用安全平网封闭；

（2）作业层里排架体与建筑物之间应采用脚手板或安全平网封闭。

3. 构配件材质

（1）钢管直径、壁厚、材质应符合规范要求；

（2）钢管弯曲、变形、锈蚀应在规范允许范围内；

（3）扣件应进行复试且技术性能符合规范要求。

4. 通道

（1）架体应设置供人员上下的专用通道；

（2）专用通道的设置应符合规范要求。

八、高处作业的检查评定规定安全监理控制要点

1. 安全帽

（1）进入施工现场的人员必须正确佩戴安全帽；

（2）安全帽的质量应符合规范要求。

2. 安全网

（1）在建工程外脚手架的外侧应采用密目式安全网进行封闭；

（2）安全网的质量应符合规范要求。

3. 安全带

（1）高处作业人员应按规定系挂安全带；

（2）安全带的系挂应符合规范要求；

（3）安全带的质量应符合规范要求。

4. 临边防护

（1）作业面边沿应设置连续的临边防护设施；

（2）临边防护设施的构造、强度应符合规范要求；

（3）临边防护设施宜定型化、工具式，杆件的规格及连接固定方式应符合规范要求。

5. 洞口防护

（1）在建工程的预留洞口、楼梯口、电梯井口等孔洞应采取防护措施；

（2）防护措施和防护设施应符合规范要求，且防护设施宜定型化、工具式；

（3）电梯井内每隔二层且不大于 10m 应设置安全平网防护。

6. 通道口防护

（1）通道口防护应严密、牢固；

（2）防护棚两侧应采取封闭措施；

（3）防护棚宽度应大于通道口宽度，长度应符合规范要求；

（4）当建筑物高度超过 24m 时，通道口防护顶棚应采用双层防护；

（5）防护棚的材质应符合规范要求。

7. 攀登作业

（1）梯脚底部应坚实，不得垫高使用；

（2）折梯使用时上部夹角宜为 35°～45°，并应设有可靠的拉撑装置；

（3）梯子的材质和制作质量应符合规范要求。

8. 悬空作业

（1）悬空作业处应设置防护栏杆或采取其他可靠的安全措施；

（2）悬空作业所使用的索具、吊具等应经验收，合格后方可使用；

（3）悬空作业人员应系挂安全带、佩戴工具袋。

9. 移动式操作平台

（1）操作平台应按规定进行设计计算；

（2）移动式操作平台轮子与平台连接应牢固、可靠，立柱底端距地面高度不得大于 80mm；

（3）操作平台应按设计和规范要求进行组装，铺板应严密；

（4）操作平台四周应按规范要求设置防护栏杆，并应设置登高扶梯；

（5）操作平台的材质应符合规范要求。

10. 悬挑式物料钢平台

（1）悬挑式物料钢平台的制作、安装应编制专项施工方案，并应进行设计计算；

（2）悬挑式物料钢平台的下部支撑系统或上部拉结点，应设置在建筑结构上；

（3）斜拉杆或钢丝绳应按规范要求在平台两侧各设置前后两道；

（4）钢平台两侧必须安装固定的防护栏杆，并应在平台明显处设置荷载限定标牌；

（5）钢平台台面、钢平台与建筑结构间铺板应严密、牢固。

九、施工用电监理控制要点

（一）施工用电保证项目的安全监理日常检查

1. 外电防护

（1）外电线路与在建工程及脚手架、起重机械、场内机动车道的安全距离应符合规范要求；

（2）当安全距离不符合规范要求时，必须采取绝缘隔离防护措施，并应悬挂明显的警示标志；

（3）防护设施与外电线路的安全距离应符合规范要求，并应坚固、稳定；

（4）外电架空线路正下方不得进行施工、建造临时设施或堆放材料物品。

2. 接地与接零保护系统

（1）施工现场专用的电源中性点直接接地的低压配电系统应采用 TN-S 接零保护系统；

（2）施工现场配电系统不得同时采用两种保护系统；

（3）保护零线应由工作接地线、总配电箱电源侧零线或总漏电保护器电源零线处引出，电气设备的金属外壳必须与保护零线连接；

（4）保护零线应单独敷设，线路上严禁装设开关或熔断器，严禁通过工作电流；

（5）保护零线应采用绝缘导线，规格和颜色标记应符合规范要求；

（6）TN 系统的保护零线应在总配电箱处、配电系统的中间处和末端处做重复接地；

（7）接地装置的接地线应采用两根及以上导体，在不同点与接地体做电气连接，接地体应采用角钢、钢管或光面圆钢；

（8）工作接地电阻不得大于 4Ω，重复接地电阻不得大于 10Ω；

（9）施工现场起重机、物料提升机、施工升降机、脚手架应按规范要求采取防雷措施，防雷装置的冲击接地电阻值不得大于 30Ω；

（10）做防雷接地机械上的电气设备，保护零线必须同时做重复接地。

3. 配电线路

（1）线路及接头应保证机械强度和绝缘强度；

（2）线路应设短路、过载保护，导线截面应满足线路负荷电流；

（3）线路的设施、材料及相序排列、档距、与邻近线路或固定物的距离应符合规范要求；

（4）电缆应采用架空或埋地敷设并应符合规范要求，严禁沿地面明设或沿脚手架、树木等敷设；

（5）电缆中必须包含全部工作芯线和用作保护零线的芯线，并应按规定接用；

（6）室内非埋地明敷主干线距地面高度不得小于 2.5m。

4. 配电箱与开关箱

（1）施工现场配电系统应采用三级配电、二级漏电保护系统，用电设备必须有各自专用的开关箱；

（2）箱体结构、箱内电器设置及使用应符合规范要求；

（3）配电箱必须分设工作零线端子板和保护零线端子板，保护零线、工作零线必须通过各自的端子板连接；

（4）总配电箱与开关箱应安装漏电保护器，漏电保护器参数应匹配并灵敏可靠；

（5）箱体应设置系统接线图和分路标记，并应有门、锁及防雨措施；

（6）箱体安装位置、高度及周边通道应符合规范要求；

（7）分配箱与开关箱间的距离不应超过30m，开关箱与用电设备间的距离不应超过3m。

（二）施工用电一般项目的安全监理日常检查

1. 配电室与配电装置

（1）配电室的建筑耐火等级不应低于三级，配电室应配置适用于电气火灾的灭火器材；

（2）配电室、配电装置的布设应符合规范要求；

（3）配电装置中的仪表、电器元件设置应符合规范要求；

（4）备用发电机组应与外电线路进行联锁；

（5）配电室应采取防止风雨和小动物侵入的措施；

（6）配电室应设置警示标志、工地供电平面图和系统图。

2. 现场照明

（1）照明用电应与动力用电分设；

（2）特殊场所和手持照明灯应采用安全电压供电；

（3）照明变压器应采用双绕组安全隔离变压器；

（4）灯具金属外壳应接保护零线；

（5）灯具与地面、易燃物间的距离应符合规范要求；

（6）照明线路和安全电压线路的架设应符合规范要求；

（7）施工现场应按规范要求配备应急照明。

3. 用电档案

（1）总包单位与分包单位应签订临时用电管理协议，明确各方相关责任；

（2）施工现场应制定专项用电施工组织设计、外电防护专项方案；

（3）专项用电施工组织设计、外电防护专项方案应履行审批程序，实施后应由相关部门组织验收；

（4）用电各项记录应按规定填写，记录应真实有效；

（5）用电档案资料应齐全，并应设专人管理。

十、施工机具安全监理控制要点

1. 平刨

（1）平刨安装完毕应按规定履行验收程序，并应经责任人签字确认；

（2）平刨应设置护手及防护罩等安全装置；

（3）保护零线应单独设置，并应安装漏电保护装置；

（4）平刨应按规定设置作业棚，并应具有防雨、防晒等功能；

（5）不得使用同台电机驱动多种刃具、钻具的多功能木工机具。

2. 圆盘锯

（1）圆盘锯安装完毕应按规定履行验收程序，并应经责任人签字确认；

（2）圆盘锯应设置防护罩、分料器、防护挡板等安全装置；

（3）保护零线应单独设置，并应安装漏电保护装置；

（4）圆盘锯应按规定设置作业棚，并应具有防雨、防晒等功能；

（5）不得使用同台电机驱动多种刃具、钻具的多功能木工机具。

3. 手持电动工具

（1）Ⅰ类手持电动工具应单独设置保护零线，并应安装漏电保护装置；

（2）使用Ⅰ类手持电动工具应按规定穿戴绝缘手套、绝缘鞋；

（3）手持电动工具的电源线应保持出厂状态，不得接长使用。

4. 钢筋机械

（1）钢筋机械安装完毕应按规定履行验收程序，并应经责任人签字确认；

（2）保护零线应单独设置，并应安装漏电保护装置；

（3）钢筋加工区应搭设作业棚，并应具有防雨、防晒等功能；

（4）对焊机作业应设置防火花飞溅的隔热设施；

（5）钢筋冷拉作业应按规定设置防护栏；

（6）机械传动部位应设置防护罩。

5. 电焊机

（1）电焊机安装完毕应按规定履行验收程序，并应经责任人签字确认；

（2）保护零线应单独设置，并应安装漏电保护装置；

（3）电焊机应设置二次空载降压保护装置；

（4）电焊机一次线长度不得超过5m，并应穿管保护；

（5）二次线应采用防水橡皮护套铜芯软电缆；

（6）电焊机应设置防雨罩，接线柱应设置防护罩。

6. 搅拌机

（1）搅拌机安装完毕应按规定履行验收程序，并应经责任人签字确认；

（2）保护零线应单独设置，并应安装漏电保护装置；

（3）离合器、制动器应灵敏有效，料斗钢丝绳的磨损、锈蚀、变形量应在规定允许范围内；

（4）料斗应设置安全挂钩或止挡装置，传动部位应设置防护罩；

（5）搅拌机应按规定设置作业棚，并应具有防雨、防晒等功能。

7. 气瓶

（1）气瓶使用时必须安装减压器，乙炔瓶应安装回火防止器，并应灵敏可靠；

（2）气瓶间安全距离不应小于5m，与明火安全全距离不应小于10m；

（3）气瓶应设置防震圈、防护帽，并应按规定存放。

8. 翻斗车

（1）翻斗车制动、转向装置应灵敏可靠；

（2）司机应经专门培训后持证上岗，行车时车斗内不得载人。

9. 潜水泵

（1）保护零线应单独设置，并应安装漏电保护装置；

（2）负荷线应采用专用防水橡皮电缆，不得有接头。

10. 振捣器

（1）振捣器作业时应使用移动配电箱、电缆线长度不应超过30m；

（2）保护零线应单独设置，并应安装漏电保护装置；

（3）操作人员应按规定穿戴绝缘手套、绝缘鞋。

11. 桩工机械

（1）桩工机械安装完毕应按规定履行验收程序，并应经责任人签字确认；

（2）作业前应编制专项方案，并应对作业人员进行安全技术交底；

（3）桩工机械应按规定安装安全装置，并应灵敏可靠；

（4）机械作业区域地面承载力应符合机械说明书要求；

（5）机械与输电线路安全距离应符合现行行业标准《施工现场临时用电安全技术规范》JGJ 46 的规定。

十一、模板支架安全监理控制要点

（一）模板支架保证项目的安全监理日常检查

1. 施工方案

（1）模板支架搭设应编制专项施工方案，结构设计应进行计算，并应按规定进行审核、审批；

（2）模板支架搭设高度8m及以上、跨度18m及以上、施工总荷载15kN/m² 及以上、集中线荷载20kN/m 及以上的专项施工方案应按规定组织专家论证。

2. 支架基础

（1）基础应坚实、平整，承载力应符合设计要求，并应能承受支架上部全部荷载；

（2）底部应按规范要求设置底座、垫板，垫板规格应符合规范要求；

（3）支架底部纵、横向扫地杆的设置应符合规范要求；

（4）基础应设排水设施，并应排水畅通；

（5）当支架设在楼面结构上时，应对楼面结构强度进行验算，必要时应对楼面结构采取加固措施。

3. 支架构造

（1）立杆间距应符合设计和规范要求；

（2）水平杆步距应符合设计和规范要求，水平杆应按规范要求连续设置；

（3）竖向、水平剪刀撑或专用斜杆、水平斜杆的设置应符合规范要求。

4. 支架稳定

（1）当支架高宽比大于规定值时，应按规定设置连墙杆或采用增加架体宽度的加强措施；

（2）立杆伸出顶层水平杆中心线至支撑点的长度应符合规范要求；

（3）浇筑混凝土时应对架体基础沉降、架体变形进行监控，基础沉降、架体变形应在规定允许范围内。

5. 施工荷载

（1）施工均布荷载、集中荷载应在设计允许范围内；

（2）当浇筑混凝土时，应对混凝土堆积高度进行控制。

6. 交底与验收

（1）支架搭设、拆除前应进行交底，并应有交底记录；

（2）支架搭设完毕，应按规定组织验收，验收应有量化内容并经责任人签字确认。

（二）模板支架一般项目的安全监理日常检查

1. 杆件连接

（1）立杆应采用对接、套接或承插式连接方式，并应符合规范要求；

（2）水平杆的连接应符合规范要求；

（3）当剪刀撑斜杆采用搭接时，搭接长度不应小于1m；

（4）杆件各连接点的紧固应符合规范要求。

2. 底座与托撑

（1）可调底座、托撑螺杆直径应与立杆内径匹配，配合间隙应符合规范要求；

（2）螺杆旋入螺母内长度不应少于5倍的螺距。

3. 构配件材质

（1）钢管壁厚应符合规范要求；

（2）构配件规格、型号、材质应符合规范要求；

（3）杆件弯曲、变形、锈蚀量应在规范允许范围内。

4. 支架拆除

（1）支架拆除前结构的混凝土强度应达到设计要求；

（2）支架拆除前应设置警戒区，并应设专人监护。

十二、高处作业吊篮监理控制要点

（一）高处作业吊篮保证项目的安全监理日常检查

1. 施工方案

（1）吊篮安装作业应编制专项施工方案，吊篮支架支撑处的结构承载力须经过验算；

（2）专项施工方案应按规定进行审核、审批。

2. 安全装置

（1）吊篮应安装防坠安全锁，并应灵敏有效；

（2）防坠安全锁不应超过标定期限；

（3）吊篮应设置为作业人员挂设安全带专用的安全绳和安全锁扣，安全绳应固定在建筑物的可靠位置上，不得与吊篮上的任何部位连接；

（4）吊篮应安装上限位装置，并应保证限位装置灵敏可靠。

3. 悬挂机构

（1）悬挂机构前支架不得支撑在女儿墙及建筑物外挑檐边缘等非承重结构上；

（2）悬挂机构前梁外伸长度应符合产品说明书规定；

（3）前支架应与支撑面垂直，且脚轮不应受力；

（4）上支架应固定在前支架调节杆与悬挑梁连接的节点处；

（5）严禁使用破损的配重块或其他替代物；

（6）配重块应固定可靠，重量应符合设计规定。

4. 钢丝绳

（1）钢丝绳不应有断丝、断股、松股、锈蚀、硬弯及油污和附着物；

（2）安全钢丝绳应单独设置，型号规格应与工作钢丝绳一致；

（3）吊篮运行时安全钢丝绳应张紧悬垂。

（4）电焊作业时应对钢丝绳采取保护措施。

5. 安装作业

（1）吊篮平台的组装长度应符合产品说明书和规范要求；

（2）吊篮的构配件应为同一厂家的产品。

6. 升降作业

（1）必须由经过培训合格的人员操作吊篮升降；

（2）吊篮内的作业人员不应超过2人；

（3）吊篮内作业人员应将安全带用安全锁扣正确挂置在独立设置的专用安全绳上；

（4）作业人员应从地面进出吊篮。

（二）高处作业吊篮一般项目的安全监理日常检查

1. 交底与验收

（1）吊篮安装完毕，应按规范要求进行验收，验收表应由责任人签字确认；

（2）班前、班后应按规定对吊篮进行检查；

（3）吊篮安装、使用前对作业人员进行安全技术交底，并应有文字记录。

2. 安全防护

（1）吊篮平台周边的防护栏杆、挡脚板的设置应符合规范要求；

（2）上下立体交叉作业时吊篮应设置顶部防护板。

3. 吊篮稳定

（1）吊篮作业时应采取防止摆动的措施；

（2）吊篮与作业面距离应在规定要求范围内。

4. 荷载

（1）吊篮施工荷载应符合设计要求；

（2）吊篮施工荷载应均匀分布。

十三、安全监理检查表格

（一）安全管理检查表

工程名称：　　　　　　　施工单位：　　　　　　年　　月　　日

序号	检查项目		检查内容	结果
1	保证项目	安全生产组织机构	1. 是否建立安全保证组织机构 2. 安全组织机构是否健全 3. 是否明确项目安全总负责人	
2		安全生产责任制	1. 是否建立安全责任制 2. 各部门是否执行责任制 3. 是否制定安全操作技术规程 4. 管理人员责任制考核是否合格 5. 是否配备专职安全员	
3		目标管理	1. 是否制定安全管理目标 2. 有无安全责任目标考核规定	
4		施工组织设计	1. 施工组织设计中有无安全措施 2. 施工组织设计是否经审批 3. 专业性较强项目，是否单独编制专项安全施工组织设计 4. 安全措施是否全面	
5		分部（分项）工程安全技术交底	1. 有无书面安全技术交底 2. 交底有无针对性 3. 交底是否履行签字手续	
6		安全检查	1. 有无定期安全检查制度 2. 检查有无记录 3. 隐患整改是否定人、定时、定措施 4. 是否如期完成隐患整改	
7		安全教育	1. 有无安全教育制度 2. 是否坚持先培训，后上岗 3. 专职安全员培训考核是否合格	
8		班前安全活动	1. 有无班前安全活动制度 2. 有无活动记录	
9	一般项目	特种作业持证上岗	1. 特种作业人员是否培训 2. 是否持操作证上岗	
10		工伤事故处理	1. 工作事故是否按规定报告 2. 是否按事故调查分析规定处理 3. 是否建立工伤事故档案	
11		安全标志	1. 有无现场安全标志布置总平面图 2. 是否按总平面图设置安全标志	

项目经理：　　　　　　　　　　　　监理人员：
安全总负责人：　　　　　　　　　　项目总监：

（二）文明施工检查表

工程名称：　　　　　　　　　　　施工单位：　　　　　　　　年　　月　　日

序号	检查项目		检查内容	结果
1	保证项目	封闭管理	1. 施工现场是否设置围墙 2. 施工现场进出口有无大门 3. 门头是否设置企业标志 4. 对市政管网，周边建、构筑物是否采取保护措施	
2		总平面布置	1. 主要进入口是否硬化 2. 是否挂设"五牌一图" 3. 临设是否按总平面图搭建 4. 泥浆水、污水是否处理后外排 5. 材料堆场是否整齐、分类 6. 易燃、易爆品是否分类存放	
3		办公、生活设施	1. 在建工程是否兼住宿 2. 施工区与办公、生活区是否明显划分 3. 宿舍有无乱拉电线及使用电炉、电饭煲	
4		现场防火	1. 高层建筑有无消防水源 2. 灭火器材是否合理配置 3. 有无经培训的消防人员 4. 有无动火审批手续或动火监护	
5	一般项目	卫生管理	1. 是否明确各区域卫生责任人 2. 有无高空抛撒垃圾 3. 有无保健医药箱、急救器材 4. 有无急救措施和经培训的急救人员	
6		粉尘、噪声管理	1. 现场是否焚烧有毒、有害、有恶臭气味物质 2. 中午、夜间施工是否报批	
7		治安综合管理	1. 有无安全保卫制度 2. 是否落实治安、防火责任人 3. 是否挂牌上岗 4. 管理人员工作卡是否与作业人员明显区别	

项目经理：　　　　　　　　　　　　　　　监理人员：

安全总负责人：　　　　　　　　　　　　　项目总监：

（三）落地钢管外脚手架检查表

工程名称：　　　　　　　　　　施工单位：　　　　　　　　年　　月　　日

序号	检查项目		检查内容	结果
1		施工方案	1. 有无施工方案 2. 施工方案是否经审批 3. 高度超过规范规定是否设计、计算或经公司审批	
2	保证项目	立杆基础	1. 每10m内立杆基础是否平整坚实，符合方案设计要求 2. 每10m内立杆有无缺少底座、垫木 3. 每10m内有无扫地杆 4. 每10m内有无排水措施	
3		架体与建筑结构拉结	1. 脚手架高度超过7m，是否与建筑结构拉结 2. 架高50m以上是否采用刚性拉结 3. 拉结是否符合要求	
4		杆件间距与剪刀撑	1. 每10m内立杆、大横杆、小横杆间距有无超过规定要求 2. 是否按规定设置剪刀撑 3. 剪刀撑是否沿高度连续设置 4. 剪刀撑角度是否符合要求	
5		脚手板与架体防护	1. 是否满铺脚手板 2. 脚手板材质是否符合要求 3. 脚手板是否绑扎牢固 4. 首层是否满铺脚手板封闭 5. 每隔四步架是否满铺架手板封闭 6. 是否设置1.2m高防护栏杆 7. 脚手架外侧是否设置密目式安全立网 8. 施工层脚手架内立杆与建筑物之间是否封闭 9. 架体是否超过施工层一步架	
6		交底与验收	1. 严禁使用钢木、钢竹混合搭设脚手架 2. 脚手架搭设前是否交底 3. 脚手架搭设完毕是否验收 4. 验收内容是否量化 5. 验收责任人签字是否完备	
7	一般项目	卸料平台	1. 是否经设计计算 2. 是否按设计要求搭设 3. 有无限定荷载标牌	
8		综合检查	1. 各种搭接、连接是否符合要求 2. 钢管、扣件材质是否符合要求 3. 是否按规定搭设上、下通道 4. 脚手架上严禁附装其他设施 5. 结构架负荷严禁大于3000N/m²，装修架负荷严禁大于2000N/m²	

项目经理：　　　　　　　　　　　　　　　监理人员：
安全总负责人：　　　　　　　　　　　　　项目总监：

（四）基坑支护检查表

工程名称：　　　　　　　　　　　施工单位：　　　　　　　　　年　月　日

序号	检查项目		检查内容	结果
1	保证项目	施工方案	1. 基础施工有无支护方案 2. 支护设计及方案是否按规定审批 3. 施工方案能否指导施工 4. 基坑深度超过5m，有无专项支护设计	
2		临边防护	深度超过2m的基坑施工有无临边防护措施	
3		坑壁支护	1. 坑槽边坡开挖是否符合安全要求 2. 特殊支护是否符合设计方案 3. 是否对产生局部变形的支护设施采取调整措施	
4		排水措施	1. 基坑施工有无排水措施 2. 采用坑外降水时，有无防止临近建构筑物危险沉降措施	
5		坑边荷载	1. 坑边堆载是否符合设计要求 2. 机械设备施工与杭、槽边距离不符合要求时，有无安全措施	
6	一般项目	上下通道	1. 有无人员上、下专用通道 2. 通道设置是否符合要求	
7		土方开挖	1. 施工机械进场是否经验收 2. 挖土机作业半径内有无人员 3. 挖土机作业位置是否牢固、安全 4. 司机是否持证上岗 5. 是否按规定程序、深度作业	
8		基坑支护变形监测	1. 是否按规定进行基坑支护变形监测 2. 是否对相邻建筑物、构筑物、重要管线、道路进行沉降观测	
9		作业环境	1. 基坑内作业人员有无安全立足点 2. 垂直作业上下有无隔离措施 3. 是否设置满足施工要求的照明设施	

项目经理：　　　　　　　　　　　　　　　监理人员：

安全总负责人：　　　　　　　　　　　　　项目总监：

（五）模板工程检查表

工程名称：　　　　　　　　　施工单位：　　　　　　　　　年　月　日

序号	检查项目		检查内容	结果
1	保证项目	施工方案	1. 有无施工方案 2. 方案是否经过审批 3. 是否根据混凝土输送方法制定有针对性的安全措施	
2		支撑系统	1. 现浇混凝土模板支撑系统是否设计计算 2. 是否按设计要求施工支撑系统	
3		立柱稳定	1. 支撑模板的立柱材料是否符合要求 2. 立柱底部有无垫板 3. 是否按规定设置纵横向支撑 4. 立柱间距是否符合规定	
4		施工荷载模板存放	1. 模板上堆料、荷载是否超过规定 2. 大模板存放有无防倾倒措施 3. 模板堆放有无超高现象	
5		支拆模板	1. 2m以上高处作业有无可靠立足点 2. 拆除区是否设置警戒线、监护人员 3. 是否留有未拆除的悬空模板	
6	一般项目	模板验收	1. 模板拆除前是否申请批准 2. 模板工程有无验收手续 3. 验收内容是否量化 4. 支、拆前是否进行安全技术交底	
7		混凝土强度	1. 模板拆除前有无混凝土强度报告 2. 是否在混凝土强度达到规定后拆模	
8		运输道路	1. 在模板上运输混凝土有无走道垫板 2. 走道垫板是否牢固	
9		作业环境	1. 作业面孔洞及临边有无防护措施 2. 上下垂直作业有无隔离措施	

项目经理：　　　　　　　　　　　　　　监理人员：

安全总负责人：　　　　　　　　　　　　项目总监：

（六）"三宝""四口"防护检查表

工程名称：　　　　　　　　　　　施工单位：　　　　　　　　　年　月　日

序号	检查项目			检查内容	结果
1	保证项目	安全帽		1. 有无不戴安全帽进入现场 2. 安全帽佩戴是否符合要求	
2		安全网	立网	1. 在建工程外侧是否用密目式立网封闭 2. 密目式立网规格、材质是否符合要求 3. 立网有无准用证	
2			平网	1. 是否按规定张挂平网 2. 网内有无杂物 3. 平网材质、规格是否符合要求 4. 平网有无准用证	
3		安全带		1. 是否按规定系安全带 2. 安全带、系挂是否符合标准	
4		楼梯口防护		1. 有无防护栏杆 2. 防护栏杆是否严密、牢固、符合要求 3. 有无充足照明措施	
5		电梯口及电梯井筒防护		1. 电梯口有无防护门、栏 2. 防护门、栏是否严密、牢固、锁定 3. 电梯井筒内有无水平防护 4. 防护设施是否形成定型化、工具化	
6		预留洞口及坑井防护		1. 洞口有无防护措施 2. 防护是否严密 3. 防护设施是否形成定型化、工具化	
7		通道口防护		1. 通道口有无防护棚 2. 防护棚是否符合规范要求	
8		阳台、楼板、屋面等临边防护		1. 临边有无防护 2. 临边防护是否严密、牢固、材料是否符合要求	
9	一般项目	"四口"管理		1. "四口"防护现场是否挂牌，有无专人管理 2. 照明设施是否齐全	

项目经理：　　　　　　　　　　　　　　监理人员：

安全总负责人：　　　　　　　　　　　　项目总监：

（七）施工用电检查表

工程名称：　　　　　　　　　　施工单位：　　　　　　　　年　月　日

序号	检查项目		检查内容	结果
1	保证项目	外电防护	1. 小于安全距离有无防护措施 2. 防护措施封闭是否严密、符合要求 3. 有无明显警示标志	
2		接地与接零保护系统	1. 是否采用 TN—S 系统 2. 工作接地与重复接地是否符合要求 3. 专用保护零线设置是否符合要求 4. 保护零线与工作零线有无混接	
3		配电箱与开关箱	1. 是否符合"三级配电两级保护"要求 2. 开关箱（末级）有无有效漏电保护器 3. 漏电保护器参数是否合理、匹配 4. 漏电保护器安装位置是否合理 5. 电箱内隔离开关设置是否合理 6. 是否违反"一机一闸一漏一箱" 7. 安装位置是否合理，便于操作 8. 闸具是否符合要求，有无损坏 9. 电箱内有无 PE 专用接线端子板 10. 电箱有无名称、编号、责任人 11. 电箱进出线是否整齐、标记，采取保护措施 12. 电箱材质是否符合要求，有无门、锁、防雨措施	
4		现场照明	1. 照明、动力用电是否分路设置 2. 灯具金属外壳是否做接零保护 3. 照明专用回路有无漏电保护 4. 室内线路及灯具安装高度低于 2.4m 是否使用安全电压供电 5. 照明供电不得采用绞织线 6. 手持照明灯、危险场所、潮湿作业必须使用 36V 以下安全电压 7. 安全电压照明线路是否整齐、绝缘 8. 危险场所、通道口、宿舍等有无照明	
5	一般项目	配电线路	1. 电线有无老化、破皮未包扎、拖地、浸水 2. 线路过道有无保护，是否符合要求 3. 电杆、横担、架空线路、档距是否符合要求 4. 是否采用五芯电缆 5. 是否违反用四芯电缆加一根导线替代五芯电缆 6. 线路架设、埋设、连接是否符合规范要求	
6		电器、变配电装置	1. 闸具、熔断器参数与设备容量是否匹配 2. 是否违反用其他金属丝替代熔丝 3. 配电室、发电机房建造是否符合要求，地面有无绝缘 4. 室内配电装置或发电机组布设是否合理 5. 有无警示标志、消防措施，发电机室不得存放贮油桶 6. 发电机组电源之间或与外电源之间有无控制并列运行措施 7. 发电机组是否设置独立接地系统	
7		用电档案	1. 有无用电施工组织设计 2. 有无地极阻值摇测记录 3. 有无电工巡视维修记录 4. 档案是否整齐、分类、专人管理	

项目经理：　　　　　　　　　　　　监理人员：

安全总负责人：　　　　　　　　　　项目总监：

（八）井字架检查表

工程名称：　　　　　　　　　施工单位：　　　　　　　年　月　日

序号	检查项目			检查内容	结果
1	保证项目	架体制作		1. 有无设计计算书、是否经审批 2. 架体制作是否符合设计和规范要求 3. 使用厂家生产品，有无准用证	
2		限位保险装置		1. 有无断绳保护装置，吊篮有无停靠装置 2. 停靠装置是否联动、形成定型化 3. 有无超高限位装置，安装是否合理 4. 使用摩擦式卷扬机超高限位不得采用断电方式 5. 高架提升机有无下极限位器、缓冲器、超载限制器	
3		架体稳定	缆风绳	1. 架高20m以下必须设一组，20~30m必须设两组 2. 缆风绳必须使用钢丝绳 3. 钢丝绳直径不得小于9.3mm，角度45°~60°，对称分布 4. 地锚、缆风绳两端连接是否符合要求	
			与建筑结构连接	1. 连墙杆连接是否牢固、符合规范要求 2. 高架必须使用连墙杆 3. 连墙杆材质、连接方式、间距是否符合规范要求	
4		钢丝绳		1. 磨损、断丝达到报废要求的必须更新 2. 有无锈蚀、缺油、绳卡不符合规定 3. 有无过路保护，不得拖地、浸水 4. 与吊笼连接有无使用鸡心环	
5		楼层卸料平台防护		1. 平台两侧有无牢固、严密护栏，有无防护门 2. 平台脚手板搭设是否牢固、严密 3. 平台不得以井字架体做支撑 4. 地面进料口有无防护棚，是否符合要求	
6		吊篮		1. 有无安全门，是否形成定型化、工具化 2. 高架提升机是否使用吊笼 3. 吊篮提升不得使用单根钢丝绳 4. 有无违章乘坐吊篮上下	
7		安装验收		1. 安装后是否验收 2. 验收内容是否量化 3. 验收责任人签字是否齐全 4. 有无操作规程牌、验收合格牌、限载标志牌、警示牌、定人定机责任牌	
8	一般项目	架体		1. 安装拆除有无施工方案，方案是否审批 2. 基础、垂直偏差是否符合要求 3. 导轨有无变形、架体与吊篮间隙是否符合规定 4. 架体外侧有无严密立网防护 5. 摇臂把杆是否经设计，安装是否符合要求，有无保险绳 6. 井字架井口处是否加固，自由高度是否超过6m	
9		传动系统		1. 卷扬机地锚是否牢固，钢丝绳缠绕是否整齐 2. 卷筒上有无防止钢丝绳滑落的保险装置 3. 是否按规定设置导向滑轮 4. 开关是否符合要求	
10		综合检查		1. 有无准确联络信号、层站标示 2. 有无符合要求的操作棚 3. 操作者是否持证上岗 4. 有无违章操作 5. 防雷保护范围以外是否设置符合要求的避雷装置	

项目经理：　　　　　　　　　　　　　监理人员：

安全总负责人：　　　　　　　　　　　项目总监：

（九）施工电梯检查表

工程名称：　　　　　　　　　施工单位：　　　　　　　　年　月　日

序号	检查项目		检查内容	结果
1	保证项目	安全装置	1. 限速器是否按规定检测标定、灵敏可靠 2. 有无上、下极限位装置 3. 极限限位装置安装是否符合要求 4. 门连锁装置是否灵敏可靠 5. 制动器工作时有无拖滞、打滑	
2		安全防护	1. 地面吊笼出入口有无防护棚 2. 防护棚材质、搭设是否符合要求 3. 卸料口有无防护门，并正常使用 4. 卸料平台搭设是否符合要求	
3		荷载	1. 有无限载标志牌 2. 不得超过规定载重 3. 是否按规定安装配重载人	
4		安装与拆卸	1. 是否制定安装、加节、拆卸方案并经公司审批 2. 是否按方案作业 3. 安装、加节、拆卸前有无交底 4. 安拆队伍有无资格证书	
5		安装验收	1. 安装、加节后是否验收 2. 验收内容是否量化 3. 验收责任人签字是否齐全	
6		司机	1. 是否持证上岗 2. 每班作业前是否按规定试车 3. 是否按规定交接班、填写交接记录	
7	一般项目	架体稳定与基础	1. 架体垂直度不得超过说明书规定 2. 架体与建筑结构附着是否符合要求 3. 架体附着装置不得与脚手架连接 4. 自由高度不得超过规定 5. 基础有无排水措施	
8		联络信号与电气安全	1. 有无准确联络信号、照明、层站标识 2. 电气安装是否符合要求 3. 电气控制有无漏电保护装置 4. 在避雷保护范围外有无符合要求的避雷装置	
9		安全管理	1. 有无运行记录 2. 运行记录项目是否齐全，填写符合要求 3. 有无操作规程牌、验收合格牌、安全警示牌、定人定机责任牌	

项目经理：　　　　　　　　　　　　　监理人员：

安全总负责人：　　　　　　　　　　　项目总监：

（十）附着式塔吊检查表

工程名称：　　　　　　　　　　施工单位：　　　　　　　年　　月　　日

序号	检查项目		检查内容	结果
1	保证项目	限制器、限位器	1. 有无力矩限制器，是否灵敏 2. 有无起重量限制器，是否灵敏 3. 有无超高、变幅、回转限位器，是否灵敏	
2		保险装置	1. 吊钩有无符合要求的保险装置 2. 吊钩滑轮有无防滑脱装置 3. 卷扬机滚筒有无保险装置 4. 上人爬梯有无符合要求的护圈 5. 上塔人行道有无符合要求的护栏	
3		附墙装置	1. 是否按高度规定安装附墙装置 2. 附墙装置安装是否符合要求 3. 附墙杆件有无超过说明书规定，超过规定长度有无设计计算书 4. 内爬塔吊固定是否符合说明书要求	
4		安装、拆卸与验收	1. 有无安装、加节、拆卸方案 2. 方案是否经公司审批并按方案作业 3. 安装、加节后是否验收 4. 验收内容是否量化 5. 验收责任人签字是否齐全 6. 安拆队伍有无资格证书	
5		司机与指挥	1. 是否持证上岗 2. 高塔指挥是否使用旗语或对讲机	
6	一般项目	塔吊基础	1. 基础有无排水措施 2. 高塔基础是否符合设计要求 3. 内爬塔吊附着体有无专项设计并经审批	
7		电气安全	1. 塔吊与架空线路小于安全距离时有无防护措施 2. 防护措施是否符合要求 3. 有无配置符合要求的专用电箱 4. 电缆是否固定牢靠，有无拖地、接头破损 5. 有无避雷接地 6. 避雷接地有无测试点，是否符合要求	
8		多塔作业	1. 两台以上塔吊作业，有无防碰撞安全技术措施 2. 防碰撞安全技术措施是否可靠	
9		安全管理	1. 有无运行记录 2. 运行记录项目及内容是否符合要求 3. 是否定期维修保养，保持良好机况 4. 有无操作规程牌、验收合格牌、限载标志牌、安全警示牌、定人定机责任牌	

项目经理：　　　　　　　　　　　　　　　监理人员：

安全总负责人：　　　　　　　　　　　　　项目总监：

（十一）施工机具检查表

工程名称：　　　　　　　　　施工单位：　　　　　　　　　年　月　日

序号	检查项目		检查内容	结果
1	保证项目	平刨	1. 安装后是否验收 2. 有无护手安全装置，传动部位有无防护罩 3. 有无保护接零、接漏电保护器 4. 电机不得与其他机器合用	
2		圆盘锯	1. 安装后是否验收 2. 有无锯盘护罩、分料器、防护挡板、安全装置、传动部位防护罩 3. 有无做保护接零、接漏电保护器 4. 开关是否符合要求 5. 锯片、皮带及皮带轮是否符合要求	
3		手持电动工具	1. I类手持电动工具有无保护接零 2. 使用I类手持电动工具是否穿戴绝缘用品 3. 电源、电线、插座是否符合要求	
4		钢筋机械	1. 安装后是否验收 2. 有无做保护接零、接漏电保护器 3. 冷拉作业区、对焊作业区有无防护措施 4. 传动部位有无防护罩 5. 开关是符合要求	
5		电焊机	1. 安装后是否验收 2. 有无做保护接零、接漏电保护器 3. 有无二次空载降压保护器、触电保护器 4. 一次线、二次线是否符合要求 5. 电源是使用自动开关 6. 是否使用焊机专用电缆，按要求接线 7. 作业时不得随地拖拉、乱接乱搭 8. 焊机有无防雨罩	
6		搅拌机	1. 安装后是否验收 2. 有无做保护接零、接漏电保护器 3. 离合器、制动器、钢丝绳是否符合要求 4. 操作手柄有无保险装置 5. 操作平台是否平稳、安全、搭设防雨棚 6. 料斗有无使用保险挂钩 7. 传动部位有无防护罩	
7		气瓶	1. 各种气瓶有无标准色标 2. 气瓶距离是否符合安全、防火要求 3. 气瓶有无防震圈、防护帽、存放是否符合要求 4. 皮管老化必须换新	
8		翻斗车	1. 翻斗车有无使用证 2. 制动装置是否灵敏 3. 司机是否持证上岗	
9		潜水泵	1. 有无做保护接零、接漏电保护器 2. 保护装置是否灵敏、合理使用 3. 操作者与潜水泵距离是否符合要求 4. 不得带电移动	

项目经理：　　　　　　　　　　　　监理人员：

安全总负责人：　　　　　　　　　　项目总监：

（十二）起重吊装检查表

工程名称：　　　　　　　　　　施工单位：　　　　　　　　　年　　月　　日

序号	检查项目			检查内容	结果
1	保证项目	施工方案		1. 有无起重吊装施工方案 2. 施工方案是否经过审批	
2		起重机械	起重机	1. 起重机有无超高、力矩限制器 2. 吊钩有无保险装置 3. 起重机有无准用证 4. 起重机安装后是否经过验收	
			起重扒杆	1. 起重扒杆有无设计计算书，是否经审批 2. 扒杆组装是否符合要求 3. 扒杆使用前是否经过试吊	
3		钢丝绳与地锚		1. 起重钢丝绳磨损、断丝是否超标 2. 滑轮是否符合规定 3. 揽风绳安全系数不得小于 3.5 倍 4. 地锚埋设是否符合要求	
4		吊点		1. 是否符合设计规定位置 2. 索具使用是否合理 3. 绳径倍数是否符合要求	
5		司机与指挥		1. 是否持证上岗 2. 高处作业信号传递是否通畅	
6		地耐力		1. 起重机作业路面地耐力是否符合说明书要求 2. 地面铺垫措施是否达到要求	
7	一般项目	起重作业		1. 吊装物体重量是否明确 2. 有无超载作业情况 3. 作业前是否经过试吊检验	
8		高处作业		1. 结构吊装是否设置防坠落措施 2. 作业人员是否按规定系挂安全带 3. 有无人员上下的专设爬梯斜道	
9		作业平台		1. 起重吊装人员作业有无可靠立足点 2. 作业平台临边防护是否符合要求 3. 平台脚手板是否满铺	
10		构件堆放		1. 构件堆放不得超过规定高度 2. 大型构件堆放有无稳定措施	
11		警戒		1. 起重作业有无警戒标志 2. 是否设专人警戒	
12		操作工		1. 起重工是否持证上岗 2. 电焊工是否持证上岗	

项目经理：　　　　　　　　　　　　　　　　监理人员：

安全总负责人：　　　　　　　　　　　　　　项目总监：

95

（十三）施工安全检查和隐患整改记录表

单位：

检查日期		年　　月　　日	检查部位、项目内容	
检查人员签名	姓名	职务（职称）		
检查发现的违规、事故隐患实况记录	1			
	2			
	3			
	4			
	5			
	6			
	7			
整改通知	对重大事故隐患列项须实行"三定"的整改方案	必须整改的事故隐患和整改措施	完成整改的最后日期	整改责任人
	安全生产责任人签名：	整改责任人签名：		
存底	整改复查记录	1	实施整改措施，对事故隐患整改的实况记录	对遗留问题的处理决定
		2		
		3		
		4		
		5		
		6		
		记录填表人：		签名：整改责任人：复查责任人：安全生产责任人：年　　月　　日 复查日期

96

（十四）安全监理统计台账

安全监理资料台账目录

序号	台账记录	序号	台账记录
一	项目安全监理体系管理资料	1	安全技术措施和专项方案审批表
1	项目委托安全监理合同（协议）	2	分包单位、特种作业人员安全资格审批表
2	安全监理人员名册、岗位职责	3	安全交底检查表
3	安全监理培训证书、岗位证书	4	安全监理巡视、旁站记录表
4	安全监理制度	5	安全监理工程师通知单
二	安全监理工作资料	6	安全监理整改复查记录
1	现行安全监理相关法规及支持性文件	7	安全监理日记
2	现行有关工程建设安全技术规范标准	8	安全监理暂停施工令
3	现场配置安全检测仪器工具清单	9	安全监理复工通知单
4	上级公司及有关部门的安全监理文件	10	施工机械、施工安全设施验收核查表
三	项目安全监理策划文件资料	11	安全监理月报资料
1	项目安全监理方案、规划或安全监理实施细则	12	项目安全监理工作总结
四	安全监理会议记录、往来函件	六	项目安全监理外部资料
1	项目安全监理会议记录	1	施工安全协议书
2	项目安全监理工作报告	2	施工项目部安全管理人员名册及安全资格证件
3	项目施工现场安全检查记录（旁站记录）	3	分包单位、安全资格、特种作业人员上岗证
4	有关各方往来函件	4	安全技术措施、专项施工方案、应急救援方案
5	安全监督部门下发的整改通知单、处罚单	5	重大危险源安全技术交底记录
6	安全事故分析处理资料	6	施工现场动火许可资料
五	项目安全监理工作记录资料		

第六章 合同管理

　　现场监理工作的一项重要内容就是合同管理，因此监理人员必须掌握本项目已经签订的监理合同和施工合同。我国对合同都有相应的示范文本，本章就以《建设工程监理合同示范文本》（2012 年版）和《建设工程施工合同示范文本》（2013 年版）的通用条款为依据编制。实际工作中，监理人员还要根据项目已签订的合同，全面了解专用条款，做到以合同为依据进行现场的监理工作。

　　与此同时，监理人员掌握自己的权利和义务以及具体的各项工作内容，熟知合同中的各项具体内容，才能在监理工作中处于主动预控的位置。

一、监理工作内容

　　（1）收到工程设计文件后编制监理规划，并在第一次工地会议 7 天前报委托人；根据有关规定和监理工作需要，编制监理实施细则；

　　（2）熟悉工程设计文件，并参加由委托人主持的图纸会审和设计交底会议；

　　（3）参加由委托人主持的第一次工地会议；主持监理例会，并根据工程需要主持或参加专题会议；

　　（4）审查施工承包人提交的施工组织设计，重点审查其中的质量安全技术措施、专项施工方案与工程建设强制性标准的符合情况；

　　（5）检查施工承包人工程质量、安全生产管理制度及组织机构和人员资格；

　　（6）检查施工承包人专职安全生产管理人员的配备情况；

　　（7）审查施工承包人提交的施工进度计划，核查承包人对施工进度计划的调整；

　　（8）检查施工承包人的试验室；

　　（9）审核施工分包人资质条件；

　　（10）查验施工承包人的施工测量放线成果；

　　（11）审查工程开工条件，对条件具备的签发开工令；

　　（12）审查施工承包人报送的工程材料、构配件、设备质量证明文件的有效性和符合性，并按规定对工程材料采取平行检验或见证取样方式进行抽检；

　　（13）审核施工承包人提交的工程款支付申请，签发或出具工程款支付证书，并报委托人审核、批准；

　　（14）在巡视、旁站和检验过程中，发现工程质量、施工安全存在事故隐患的，要求施工承包人整改并报委托人；

　　（15）经委托人同意，签发工程暂停令和复工令；

　　（16）审查施工承包人提交的采用新材料、新工艺、新技术、新设备的论证材料及相关验收标准；

（17）验收隐蔽工程、分部分项工程；

（18）审查施工承包人提交的工程变更申请，协调处理施工进度调整、费用索赔、合同争议等事项；

（19）审查施工承包人提交的竣工验收申请，编写工程质量评估报告；

（20）参加工程竣工验收，签署竣工验收意见；

（21）审查施工承包人提交的竣工结算申请并报委托人；

（22）编制、整理工程监理归档文件并报委托人。

二、监理人应履行的职责

监理人应遵循职业道德准则和行为规范，严格按照法律法规、工程建设有关标准及本合同履行职责。

1. 在监理与相关服务范围内，针对委托人和承包人提出的意见和要求，监理人应及时提出处置意见。当委托人与承包人之间发生合同争议时，监理人应协助委托人和承包人协商解决。

2. 当委托人与承包人之间的合同争议提交仲裁机构仲裁或人民法院审理时，监理人应提供必要的证明资料。

3. 监理人应在专用条件约定的授权范围内，处理委托人与承包人所签订合同的变更事宜。如果变更超过授权范围，应以书面形式报委托人批准。在紧急情况下，为了保护财产和人身安全，监理人所发出的指令未能事先报委托人批准时，应在发出指令后的 24 小时内以书面形式报委托人。

4. 除专用条件另有约定外，监理人发现承包人的人员不能胜任本职工作的，有权要求承包人予以调换。

5. 若出现下列情形之一，应及时更换监理人员：

（1）严重过失行为的；

（2）有违法行为不能履行职责的；

（3）涉嫌犯罪的；

（4）不能胜任岗位职责的；

（5）严重违反职业道德的；

（6）专用条件约定的其他情形。

三、委托人的义务

1. 告知

委托人应在委托人与承包人签订的合同中明确监理人、总监理工程师和授予项目监理机构的权限。如有变更，应及时通知承包人。

2. 提供资料

委托人应按照合同约定，无偿向监理人提供工程有关的资料。在本合同履行过程中，委托人应及时向监理人提供最新的与工程有关的资料。

3. 提供工作条件

（1）委托人应按照合同约定，为监理人派遣相应的人员，提供房屋、设备供其无偿使用。

（2）委托人应负责协调工程建设中所有外部关系，为监理人履行本合同提供必要的外部条件。

4. 委托人代表

委托人应授权一名熟悉工程情况的代表，负责与监理人联系。委托人应在双方签订本合同后 7 天内，将委托人代表的姓名和职责书面告知监理人。当委托人更换委托人代表时，应提前 7 天通知监理人。

5. 委托人意见或要求

在本合同约定的监理与相关服务工作范围内，委托人对承包人的任何意见或要求应通知监理人，由监理人向承包人发出相应指令。

6. 答复

委托人应在专用条件约定的时间内，对监理人以书面形式提交并要求作出决定的事宜，给予书面答复。逾期未答复的，视为委托人认可。

7. 支付

委托人应按本合同约定，向监理人支付酬金。

四、监理人及业主的违约责任

1. 监理人的违约责任

监理人未履行本合同义务的，应承担相应的责任。

（1）因监理人违反合同约定造成委托人损失的，监理人应当赔偿委托人损失，赔偿金额的确定方法在专用条件中约定。监理人承担部分赔偿责任的，其承担赔偿金额由双方协商确定。

（2）监理人向委托人的索赔不成立时，应赔偿委托人由此发生的费用。

2. 委托人的违约责任

委托人未履行本合同义务的，应承担相应的责任。

（1）委托人违反本合同约定造成监理人损失的，委托人应予以赔偿。

（2）委托人向监理人的索赔不成立时，应赔偿监理人由此引起的费用。

（3）委托人未能按期支付酬金超过 28 天，应按专用条件约定支付逾期付款利息。

五、施工合同文件的优先顺序

组成施工合同的各项文件应互相解释，互为说明。除专用合同条款另有约定外，施工合同文件的优先顺序如下：

（1）合同协议书；

（2）中标通知书（如果有）；

（3）投标函及其附录（如果有）；

（4）专用合同条款及其附件；

（5）通用合同条款；

（6）技术标准和要求；

（7）图纸；

（8）已标价工程量清单或预算书；

（9）其他合同文件。

上述各项合同文件包括合同当事人对文件所作出的补充和修改，属于同一类内容的文件，应以最新签署的为准。

在合同订立及履行过程中形成的与合同有关的文件均构成合同文件组成部分，并根据其性质确定优先解释顺序。

六、施工合同图纸和承包人文件的规定

1. 图纸的提供和交底

发包人应按照专用合同条款约定的期限、数量和内容向承包人免费提供图纸，并组织承包人、监理人和设计人进行图纸会审和设计交底。发包人最晚于开工通知载明开工日期的 14 天前向承包人提供图纸。

因发包人未按合同约定提供图纸导致承包人费用增加和（或）工期延误的，按照因发包人原因导致工期延误约定办理。

2. 图纸的错误

承包人在收到发包人提供的图纸后，发现图纸存在差错、遗漏或缺陷的，应及时通知监理人。监理人接到承包人通知后，应附具相关意见并立即报送发包人。发包人应在收到监理人报送通知后的合理时间内作出决定，其中合理时间是指发包人在收到监理人的报送通知后努力且不懈怠地完成图纸修改补充所需的正常时间。

3. 图纸的修改和补充

凡是图纸需要修改和补充的，应经图纸原设计人及审批部门同意，并由监理人在工程或工程相应部位施工前将修改后的图纸或补充图纸提交给承包人，承包人应按修改或补充后的图纸施工。

4. 承包人文件

承包人应按照专用合同条款的约定提供由其编制的与工程施工有关的文件，并按照约定的期限、数量和形式提交监理人，由监理人报送发包人。

除专用合同条款另有约定外，监理人应在收到承包人文件后 7 天内审查完毕。监理人对承包人文件有异议的，承包人应予以修改，并重新报送监理人。监理人的审查并不减轻或免除承包人根据合同约定应当承担的责任。

5. 图纸和承包人文件的保管

除专用合同条款另有约定外，承包人应在施工现场额外保存一套完整的图纸和承包人文件，供发包人、监理人及有关人员进行工程检查时使用。

七、施工合同示范文本规定的联络程序

1. 与合同有关的通知、批准、证明、证书、指示、指令、要求、请求、同意、意见、确定和决定等，均应采用书面形式，并应在合同约定的期限内送达接收人和送达地点。

2. 发包人和承包人应在专用合同条款中约定各自的送达接收人和送达地点。任何一方合同当事人指定的接收人或送达地点发生变动的，应提前3天以书面形式通知对方。

3. 发包人和承包人应当及时签收另一方送达至指定地点和指定接收人的来往信函。拒不签收的，由此增加的费用和（或）延误的工期由拒绝接收一方承担。

八、工程量清单错误的修正

除专用合同条款另有约定外，发包人提供的工程量清单应被认为是准确的和完整的。出现下列情形之一时，发包人应予以修正，并相应调整合同价格：

（1）工程量清单存在缺项、漏项的；

（2）工程量清单偏差超出专用合同条款约定的工程量偏差范围的；

（3）未按照国家现行计量规范强制性规定计量的。

九、许可或批准

发包人应遵守法律，并按法律规定办理各种许可、批准或备案，包括但不限于建设用地规划许可证、建设工程规划许可证、建设工程施工许可证、施工所需临时用水、临时用电、中断道路交通、临时占用土地等许可和批准。发包人应协助承包人办理法律规定的有关施工证件和批件。

因发包人原因未能及时办理完毕上述许可、批准或备案，由发包人承担由此增加的费用和（或）延误的工期，并支付承包人合理的利润。

十、发包人代表

发包人应在专用合同条款中明确其派驻施工现场的发包人代表的姓名、职务、联系方式及授权范围等事项。发包人代表在发包人的授权范围内，负责处理合同履行过程中与发包人有关的具体事宜，其在授权范围内的行为由发包人承担法律责任。发包人更换发包人代表的，应提前7天书面通知承包人。

发包人代表不能按照合同约定履行其职责及义务，并导致合同无法继续正常履行的，承包人可以要求发包人撤换发包人代表。

不属于法定必须监理的工程，监理人的职权可以由发包人代表或发包人指定的其他人员行使。

十一、发包人的职责

1. 提供施工现场

除专用合同条款另有约定外，发包人应最迟于开工日期 7 天前向承包人移交施工现场。

2. 提供施工条件

除专用合同条款另有约定外，发包人应负责提供施工所需要的条件，包括：

（1）将施工用水、电力、通信线路等施工所必需的条件接至施工现场内；

（2）保证向承包人提供正常施工所需要的进入施工现场的交通条件；

（3）协调处理施工现场周围地下管线和邻近建筑物、构筑物、古树名木的保护工作，并承担相关费用；

（4）按照专用合同条款约定应提供的其他设施和条件。

3. 提供基础资料

发包人应在移交施工现场前，向承包人提供施工现场及工程施工所必需的毗邻区域内供水、排水、供电、供气、供热、通信、广播电视等地下管线资料，气象和水文观测资料，地质勘察资料，相邻建筑物、构筑物和地下工程等有关基础资料，并对所提供资料的真实性、准确性和完整性负责。

按照法律规定确需在开工后方能提供的基础资料，发包人应尽其努力在相应工程施工前的合理期限内提供，合理期限应以不影响承包人的正常施工为限。

4. 逾期提供的责任

因发包人原因未能按合同约定及时向承包人提供施工现场、施工条件、基础资料的，由发包人承担由此增加的费用和（或）延误的工期。

十二、承包人的一般义务

承包人在履行合同过程中应遵守法律和工程建设标准规范，并履行以下义务：

（1）按照法律规定办理许可和批准，并将办理结果书面报送发包人留存；

（2）按法律规定和合同约定完成工程，并在保修期内承担保修义务；

（3）按法律规定和合同约定采取施工安全和环境保护措施，办理工伤保险，确保工程及人员、材料、设备和设施的安全；

（4）按合同约定的工作内容和施工进度要求，编制施工组织设计和施工措施计划，并对所有施工作业和施工方法的完备性和安全可靠性负责；

（5）在进行合同约定的各项工作时，不得侵害发包人与他人使用公用道路、水源、市政管网等公共设施的权利，避免对邻近的公共设施产生干扰；承包人占用或使用他人的施工场地，影响他人作业或生活的，应承担相应责任；

（6）按照环境保护约定负责施工场地及其周边环境与生态的保护工作；

（7）按安全文明施工约定采取施工安全措施，确保工程及其人员、材料、设备和设施的安全，防止因工程施工造成的人身伤害和财产损失；

（8）将发包人按合同约定支付的各项价款专用于合同工程，且应及时支付雇用人员工资，并及时向分包人支付合同价款；

（9）按照法律规定和合同约定编制竣工资料，完成竣工资料立卷及归档，并按约定的要求（竣工资料的套数、内容、时间等）移交发包人；

（10）应履行的其他义务。

十三、项目经理任职的规定

1. 项目经理是合同当事人所确认的人选，并在专用合同条款中明确项目经理的姓名、职称、注册执业证书编号、联系方式及授权范围等事项，项目经理经承包人授权后代表承包人负责履行合同。项目经理应是承包人正式聘用的员工，承包人应向发包人提交项目经理与承包人之间的劳动合同，以及承包人为项目经理缴纳社会保险的有效证明。承包人不提交上述文件的，项目经理无权履行职责，发包人有权要求更换项目经理，由此增加的费用和（或）延误的工期由承包人承担。

项目经理应常驻施工现场，且每月在施工现场时间不得少于专用合同条款约定的天数。项目经理不得同时担任其他项目的项目经理。项目经理确需离开施工现场时，应事先通知监理人，并取得发包人的书面同意。项目经理的通知中应当载明临时代行其职责人员的注册执业资格、管理经验等资料，该人员应具备履行相应职责的能力。

承包人违反上述约定的，应按照专用合同条款的约定，承担违约责任。

2. 项目经理按合同约定组织工程实施。紧急情况时为确保施工安全和人员安全，在无法与发包人代表和总监理工程师及时取得联系时，项目经理有权采取必要的措施保证与工程有关的人身、财产和工程的安全，但应在 48 小时内向发包人代表和总监理工程师提交书面报告。

3. 承包人需要更换项目经理的，应提前 14 天书面通知发包人和监理人，并征得发包人书面同意。通知中应当载明继任项目经理的注册执业资格、管理经验等资料，继任项目经理继续履行合同约定的职责。未经发包人书面同意，承包人不得擅自更换项目经理。承包人擅自更换项目经理的，应按照专用合同条款的约定承担违约责任。

4. 发包人有权书面通知承包人更换其认为不称职的项目经理，通知中应当载明要求更换的理由。承包人应在接到更换通知后 14 天内向发包人提出书面的改进报告。发包人收到改进报告后仍要求更换的，承包人应在接到第二次更换通知的 28 天内进行更换，并将新任命的项目经理的注册执业资格、管理经验等资料书面通知发包人。继任项目经理继续履行合同约定的职责。承包人无正当理由拒绝更换项目经理的，应按照专用合同条款的约定承担违约责任。

5. 项目经理因特殊情况授权其下属人员履行其某项工作职责的，该下属人员应具备履行相应职责的能力，还应提前 7 天将上述人员的姓名和授权范围书面通知监理人，并征得发包人书面同意。

十四、承包人人员的规定

1. 除专用合同条款另有约定外，承包人应在接到开工通知后 7 天内，向监理人提交承包人项目管理机构及施工现场人员安排的报告，其内容应包括合同管理、施工、技术、材料、质量、安全、财务等主要施工管理人员名单及其岗位、注册执业资格等，以及各工种技术工人的安排情况，并同时提交主要施工管理人员与承包人之间的劳动关系证明和缴纳社会保险的有效证明。

2. 承包人派驻到施工现场的主要施工管理人员应相对稳定。施工过程中如有变动，承包人应及时向监理人提交施工现场人员变动情况的报告。承包人更换主要施工管理人员时，应提前 7 天书面通知监理人，并征得发包人书面同意。通知中应当载明继任人员的注册执业资格、管理经验等资料。特殊工种作业人员均应持有相应的资格证明，监理人可以随时检查。

3. 发包人对于承包人主要施工管理人员的资格或能力有异议的，承包人应提供资料证明被质疑人员有能力完成其岗位工作或不存在发包人所质疑的情形。发包人要求撤换不能按照合同约定履行职责及义务的主要施工管理人员的，承包人应当撤换。承包人无正当理由拒绝撤换的，应按照专用合同条款的约定承担违约责任。

4. 除专用合同条款另有约定外，承包人的主要施工管理人员离开施工现场每月累计不超过 5 天的，应报监理人同意；离开施工现场每月累计超过 5 天的，应通知监理人，并征得发包人书面同意。主要施工管理人员离开施工现场前应指定一名有经验的人员临时代行其职责，该人员应具备履行相应职责的资格和能力，且应征得监理人或发包人的同意。

5. 承包人擅自更换主要施工管理人员，或前述人员未经监理人或发包人同意擅自离开施工现场的，应按照专用合同条款约定承担违约责任。

十五、分包的合同规定

1. 分包的一般约定

承包人不得将其承包的全部工程转包给第三人，或将其承包的全部工程肢解后以分包的名义转包给第三人。承包人不得将工程主体结构、关键性工作及专用合同条款中禁止分包的专业工程分包给第三人，主体结构、关键性工作的范围由合同当事人按照法律规定在专用合同条款中予以明确。承包人不得以劳务分包的名义转包或违法分包工程。

2. 分包的确定

承包人应按专用合同条款的约定进行分包，确定分包人。已标价工程量清单或预算书中给定暂估价的专业工程，按照合同暂估价确定分包人。按照合同约定进行分包的，承包人应确保分包人具有相应的资质和能力。工程分包不减轻或免除承包人的责任和义务，承包人和分包人就分包工程向发包人承担连带责任。除合同另有约定外，承包人应在分包合同签订后 7 天内向发包人和监理人提交分包合同副本。

3. 分包管理

承包人应向监理人提交分包人的主要施工管理人员表，并对分包人的施工人员进行实

105

名制管理，包括但不限于进出场管理、登记造册以及各种证照的办理。

4. 分包合同价款

（1）除本项第（2）目约定的情况或专用合同条款另有约定外，分包合同价款由承包人与分包人结算，未经承包人同意，发包人不得向分包人支付分包工程价款；

（2）生效法律文书要求发包人向分包人支付分包合同价款的，发包人有权从应付承包人工程款中扣除该部分款项。

5. 分包合同权益的转让

分包人在分包合同项下的义务持续到缺陷责任期届满以后的，发包人有权在缺陷责任期届满前，要求承包人将其在分包合同项下的权益转让给发包人，承包人应当转让。除转让合同另有约定外，转让合同生效后，由分包人向发包人履行义务。

十六、工程照管与成品、半成品保护

（1）除专用合同条款另有约定外，自发包人向承包人移交施工现场之日起，承包人应负责照管工程及工程相关的材料、工程设备，直到颁发工程接收证书之日止。

（2）在承包人负责照管期间，因承包人原因造成工程、材料、工程设备损坏的，由承包人负责修复或更换，并承担由此增加的费用和（或）延误的工期。

（3）对合同内分期完成的成品和半成品，在工程接收证书颁发前，由承包人承担保护责任。因承包人原因造成成品或半成品损坏的，由承包人负责修复或更换，并承担由此增加的费用和（或）延误的工期。

十七、施工合同中对监理人的规定

1. 监理人的一般规定

工程实行监理的，发包人和承包人应在专用合同条款中明确监理人的监理内容及监理权限等事项。监理人应当根据发包人授权及法律规定，代表发包人对工程施工相关事项进行检查、查验、审核、验收，并签发相关指示，但监理人无权修改合同，且无权减轻或免除合同约定的承包人的任何责任与义务。

除专用合同条款另有约定外，监理人在施工现场的办公场所、生活场所由承包人提供，所发生的费用由发包人承担。

2. 监理人员

发包人授予监理人对工程实施监理的权利，该权利由监理人派驻施工现场的监理人员行使，监理人员包括总监理工程师及监理工程师。监理人应将授权的总监理工程师和监理工程师的姓名及授权范围以书面形式提前通知承包人。更换总监理工程师的，监理人应提前7天书面通知承包人；更换其他监理人员的，监理人应提前48小时书面通知承包人。

3. 监理人的指示

监理人应按照发包人的授权发出监理指示。监理人的指示应采用书面形式，并经其授权的监理人员签字。紧急情况下，为了保证施工人员的安全或避免工程受损，监理人员可以口头形式发出指示，该指示与书面形式的指示具有同等法律效力，但必须在发出口头指示后 24 小时内补发书面监理指示，补发的书面监理指示应与口头指示一致。

监理人发出的指示应送达承包人项目经理或经项目经理授权接收的人员。因监理人未能按合同约定发出指示、指示延误或发出错误指示而导致承包人费用增加和（或）工期延误的，由发包人承担相应责任。除专用合同条款另有约定外，总监理工程师不应将合同中（商定或确定）约定应由总监理工程师作出确定的权力授权或委托给其他监理人员。

承包人对监理人发出的指示有疑问的，应向监理人提出书面异议，监理人应在 48 小时内对该指示予以确认、更改或撤销，监理人逾期未回复的，承包人有权拒绝执行上述指示。

监理人对承包人的任何工作、工程或其采用的材料和工程设备未在约定的或合理期限内提出意见的，视为批准，但不免除或减轻承包人对该工作、工程、材料、工程设备等应承担的责任和义务。

4. 商定或确定

合同当事人进行商定或确定时，总监理工程师应当会同合同当事人通过协商达成一致，不能达成一致的，由总监理工程师按照合同约定审慎做出公正的确定。

总监理工程师应将确定以书面形式通知发包人和承包人，并附详细依据。合同当事人对总监理工程师的确定没有异议的，按照总监理工程师的确定执行。任何一方合同当事人有异议，按照合同争议解决约定处理。争议解决前，合同当事人暂按总监理工程师的确定执行；争议解决后，争议解决的结果与总监理工程师的确定不一致的，按照争议解决的结果执行，由此造成的损失由责任人承担。

十八、质量保证措施

1. 发包人的质量管理

发包人应按照法律规定及合同约定完成与工程质量有关的各项工作。

2. 承包人的质量管理

承包人按照施工组织设计约定向发包人和监理人提交工程质量保证体系及措施文件，建立完善的质量检查制度，并提交相应的工程质量文件。对于发包人和监理人违反法律规定和合同约定的错误指示，承包人有权拒绝实施。

承包人应对施工人员进行质量教育和技术培训，定期考核施工人员的劳动技能，严格执行施工规范和操作规程。

承包人应按照法律规定和发包人的要求，对材料、工程设备以及工程的所有部位及其施工工艺进行全过程的质量检查和检验，并作详细记录，编制工程质量报表，报送监理人审查。此外，承包人还应按照法律规定和发包人的要求，进行施工现场取样试验、工程复核测量和设备性能检测，提供试验样品、提交试验报告和测量成果以及其他工作。

3. 监理人的质量检查和检验

监理人按法律规定和发包人授权对工程的所有部位及其施工工艺、材料和工程设备进行检查和检验。承包人应为监理人的检查和检验提供方便，包括监理人到施工现场，或制造、加工地点，或合同约定的其他地方进行察看和查阅施工原始记录。监理人为此进行的检查和检验，不免除或减轻承包人按照合同约定应当承担的责任。

监理人的检查和检验不应影响施工正常进行。监理人的检查和检验影响施工正常进行的，且经检查和检验不合格的，影响正常施工的费用由承包人承担，工期不予顺延；经检查和检验合格的，由此增加的费用和（或）延误的工期由发包人承担。

十九、隐蔽工程检查

1. 承包人自检

承包人应当对工程隐蔽部位进行自检，并经自检确认是否具备覆盖条件。

2. 检查程序

除专用合同条款另有约定外，工程隐蔽部位经承包人自检确认具备覆盖条件的，承包人应在共同检查前48小时书面通知监理人检查，通知中应载明隐蔽检查的内容、时间和地点，并应附有自检记录和必要的检查资料。

监理人应按时到场并对隐蔽工程及其施工工艺、材料和工程设备进行检查。经监理人检查确认质量符合隐蔽要求，并在验收记录上签字后，承包人才能进行覆盖。经监理人检查质量不合格的，承包人应在监理人指示的时间内完成修复，并由监理人重新检查，由此增加的费用和（或）延误的工期由承包人承担。

除专用合同条款另有约定外，监理人不能按时进行检查的，应在检查前24小时向承包人提交书面延期要求，但延期不能超过48小时，由此导致工期延误的，工期应予以顺延。监理人未按时进行检查，也未提出延期要求的，视为隐蔽工程检查合格，承包人可自行完成覆盖工作，并作相应记录报送监理人，监理人应签字确认。监理人事后对检查记录有疑问的，可按合同 [重新检查] 的约定重新检查。

3. 重新检查

承包人覆盖工程隐蔽部位后，发包人或监理人对质量有疑问的，可要求承包人对已覆盖的部位进行钻孔探测或揭开重新检查，承包人应遵照执行，并在检查后重新覆盖恢复原状。经检查证明工程质量符合合同要求的，由发包人承担由此增加的费用和（或）延误的工期，并支付承包人合理的利润；经检查证明工程质量不符合合同要求的，由此增加的费用和（或）延误的工期由承包人承担。

4. 承包人私自覆盖

承包人未通知监理人到场检查，私自将工程隐蔽部位覆盖的，监理人有权指示承包人钻孔探测或揭开检查，无论工程隐蔽部位质量是否合格，由此增加的费用和（或）延误的工期均由承包人承担。

二十、不合格工程的处理

1. 因承包人原因造成工程不合格的，发包人有权随时要求承包人采取补救措施，直至达到合同要求的质量标准，由此增加的费用和（或）延误的工期由承包人承担。无法补救的，按照合同 [拒绝接收全部或部分工程] 约定执行。

2. 因发包人原因造成工程不合格的，由此增加的费用和（或）延误的工期由发包人承担，并支付承包人合理的利润。

二十一、安全文明施工

1. 安全生产要求

合同履行期间，合同当事人均应当遵守国家和工程所在地有关安全生产的要求，合同当事人有特别要求的，应在专用合同条款中明确施工项目安全生产标准化达标目标及相应事项。承包人有权拒绝发包人及监理人强令承包人违章作业、冒险施工的任何指示。

在施工过程中，如遇到突发的地质变动、事先未知的地下施工障碍等影响施工安全的紧急情况，承包人应及时报告监理人和发包人，发包人应当及时下令停工并报政府有关行政管理部门采取应急措施。

因安全生产需要暂停施工的，按照合同［暂停施工］的约定执行。

2. 安全生产保证措施

承包人应当按照有关规定编制安全技术措施或者专项施工方案，建立安全生产责任制度、治安保卫制度及安全生产教育培训制度，并按安全生产法律规定及合同约定履行安全职责，如实编制工程安全生产的有关记录，接受发包人、监理人及政府安全监督部门的检查与监督。

3. 特别安全生产事项

承包人应按照法律规定进行施工，开工前做好安全技术交底工作，施工过程中做好各项安全防护措施。承包人为实施合同而雇用的特殊工种的人员应受过专门的培训，并已取得政府有关管理机构颁发的上岗证书。

承包人在动力设备、输电线路、地下管道、密封防震车间、易燃易爆地段以及临街交通要道附近施工时，施工开始前应向发包人和监理人提出安全防护措施，经发包人认可后实施。

实施爆破作业，在放射、毒害性环境中施工（含储存、运输、使用）及使用毒害性、腐蚀性物品施工时，承包人应在施工前7天以书面通知发包人和监理人，并报送相应的安全防护措施，经发包人认可后实施。

需单独编制危险性较大分部分项专项工程施工方案的，以及要求进行专家论证的超过一定规模的危险性较大的分部分项工程，承包人应及时编制和组织论证。

4. 治安保卫

除专用合同条款另有约定外，发包人应与当地公安部门协商，在现场建立治安管理机构或联防组织，统一管理施工场地的治安保卫事项，履行合同工程的治安保卫职责。

发包人和承包人除应协助现场治安管理机构或联防组织维护施工场地的社会治安外，还应做好包括生活区在内的各自管辖区的治安保卫工作。

除专用合同条款另有约定外，发包人和承包人应在工程开工后7天内共同编制施工场地治安管理计划，并制定应对突发治安事件的紧急预案。在工程施工过程中，发生暴乱、爆炸等恐怖事件以及群殴、械斗等群体性突发治安事件的，发包人和承包人应立即向当地政府报告。发包人和承包人应积极协助当地有关部门采取措施平息事态，防止事态扩大，尽量避免人员伤亡和财产损失。

5. 文明施工

承包人在工程施工期间，应当采取措施保持施工现场平整，物料堆放整齐。工程所在地有关政府行政管理部门有特殊要求的，按照其要求执行。合同当事人对文明施工有其他要求的，可以在专用合同条款中明确。

在工程移交之前，承包人应当从施工现场清除承包人的全部工程设备、多余材料、垃圾和各种临时工程，并保持施工现场清洁整齐。经发包人书面同意，承包人可在发包人指定的地点保留承包人履行保修期内的各项义务所需要的材料、施工设备和临时工程。

6. 安全文明施工费

安全文明施工费由发包人承担，发包人不得以任何形式扣减该部分费用。因基准日期后合同所适用的法律或政府有关规定发生变化，增加的安全文明施工费由发包人承担。

承包人经发包人同意采取合同约定以外的安全措施所产生的费用，由发包人承担。未经发包人同意的，如果该措施避免了发包人的损失，则发包人在避免损失的额度内承担该措施费；如果该措施避免了承包人的损失，由承包人承担该措施费。

除专用合同条款另有约定外，发包人应在开工后 28 天内预付安全文明施工费总额的 50%，其余部分与进度款同期支付。发包人逾期支付安全文明施工费超过 7 天的，承包人有权向发包人发出要求预付的催告通知，发包人收到通知后 7 天内仍未支付的，承包人有权暂停施工，并按合同［发包人违约的情形］执行。

承包人对安全文明施工费应专款专用，承包人应在财务账目中单独列项备查，不得挪作他用，否则发包人有权责令其限期改正；逾期未改正的，可以责令其暂停施工，由此增加的费用和（或）延误的工期由承包人承担。

7. 紧急情况处理

在工程实施期间或缺陷责任期内发生危及工程安全的事件，监理人通知承包人进行抢救，承包人声明无能力或不愿立即执行的，发包人有权雇佣其他人员进行抢救。此类抢救按合同约定属于承包人义务的，由此增加的费用和（或）延误的工期由承包人承担。

8. 事故处理

工程施工过程中发生事故的，承包人应立即通知监理人，监理人应立即通知发包人。发包人和承包人应立即组织人员和设备进行紧急抢救和抢修，减少人员伤亡和财产损失，防止事故扩大，并保护事故现场。需要移动现场物品时，应作出标记和书面记录，妥善保管有关证据。发包人和承包人应按国家有关规定，及时如实地向有关部门报告事故发生的情况，以及正在采取的紧急措施等。

9. 发包人的安全责任

发包人应负责赔偿以下各种情况造成的损失：

（1）工程或工程的任何部分对土地的占用所造成的第三者财产损失；

（2）由于发包人原因在施工场地及其毗邻地带造成的第三者人身伤亡和财产损失；

（3）由于发包人原因对承包人、监理人造成的人身伤亡和财产损失；

（4）由于发包人原因造成的发包人自身人员的人身伤亡和财产损失。

10. 承包人的安全责任

由于承包人原因在施工场地内及其毗邻地带造成的发包人、监理人以及第三者人员伤亡和财产损失，由承包人负责赔偿。

二十二、施工组织设计

1. 施工组织设计的内容
（1）施工方案；
（2）施工现场平面布置图；
（3）施工进度计划和保证措施；
（4）劳动力及材料供应计划；
（5）施工机械设备的选用；
（6）质量保证体系及措施；
（7）安全生产、文明施工措施；
（8）环境保护、成本控制措施；
（9）合同当事人约定的其他内容。
2. 施工组织设计的提交和修改
除专用合同条款另有约定外，承包人应在合同签订后 14 天内，但最迟不得晚于开工通知载明的开工日期前 7 天，向监理人提交详细的施工组织设计，并由监理人报送发包人。除专用合同条款另有约定外，发包人和监理人应在监理人收到施工组织设计后 7 天内确认或提出修改意见。对发包人和监理人提出的合理意见和要求，承包人应自费修改完善。根据工程实际情况需要修改施工组织设计的，承包人应向发包人和监理人提交修改后的施工组织设计。

二十三、施工进度计划

1. 施工进度计划的编制
承包人应按照合同中施工组织设计的约定提交详细的施工进度计划，施工进度计划的编制应当符合国家法律规定和一般工程实践惯例，并经发包人批准后实施。施工进度计划是控制工程进度的依据，发包人和监理人有权按照施工进度计划检查工程进度情况。
2. 施工进度计划的修订
施工进度计划不符合合同要求或与工程的实际进度不一致的，承包人应向监理人提交修订的施工进度计划，并附具有关措施和相关资料，由监理人报送发包人。除专用合同条款另有约定外，发包人和监理人应在收到修订的施工进度计划后 7 天内完成审核和批准或提出修改意见。发包人和监理人对承包人提交的施工进度计划的确认，不能减轻或免除承包人根据法律规定和合同约定应承担的任何责任或义务。

二十四、施工合同中关于开工的规定

1. 开工准备
除专用合同条款另有约定外，承包人应按照合同［施工组织设计］约定的期限，向监理人提交工程开工报审表，经监理人报发包人批准后执行。开工报审表应详细说明按施工进度计划正常施工所需的施工道路、临时设施、材料、工程设备、施工设备、施工人员等落实情况以及工程的进度安排。

除专用合同条款另有约定外，合同当事人应按约定完成开工准备工作。

2. 开工通知

发包人应按照法律规定获得工程施工所需的许可。经发包人同意后，监理人发出的开工通知应符合法律规定。监理人应在计划开工日期 7 天前向承包人发出开工通知，工期自开工通知中载明的开工日期起算。

除专用合同条款另有约定外，因发包人原因造成监理人未能在计划开工日期之日起 90 天内发出开工通知的，承包人有权提出价格调整要求，或者解除合同。发包人应当承担由此增加的费用和（或）延误的工期，并向承包人支付合理利润。

二十五、测量放线

1. 除专用合同条款另有约定外，发包人应在最迟不晚于合同规定［开工通知］载明的开工日期前 7 天通过监理人向承包人提供测量基准点、基准线和水准点及其书面资料。发包人应对其提供的测量基准点、基准线和水准点及其书面资料的真实性、准确性和完整性负责。

承包人发现发包人提供的测量基准点、基准线和水准点及其书面资料存在错误或疏漏的，应及时通知监理人。监理人应及时报告发包人，并会同发包人和承包人予以核实。发包人应就如何处理和是否继续施工作出决定，并通知监理人和承包人。

2. 承包人负责施工过程中的全部施工测量放线工作，并配置具有相应资质的人员、合格的仪器、设备和其他物品。承包人应矫正工程的位置、标高、尺寸或准线中出现的任何差错，并对工程各部分的定位负责。

施工过程中对施工现场内水准点等测量标志物的保护工作由承包人负责。

二十六、工期延误

1. 因发包人原因导致工期延误

在合同履行过程中，因下列情况导致工期延误和（或）费用增加的，由发包人承担由此延误的工期和（或）增加的费用，且发包人应支付承包人合理的利润：

（1）发包人未能按合同约定提供图纸或所提供图纸不符合合同约定的；

（2）发包人未能按合同约定提供施工现场、施工条件、基础资料、许可、批准等开工条件的；

（3）发包人提供的测量基准点、基准线和水准点及其书面资料存在错误或疏漏的；

（4）发包人未能在计划开工日期之日起 7 天内同意下达开工通知的；

（5）发包人未能按合同约定日期支付工程预付款、进度款或竣工结算款的；

（6）监理人未按合同约定发出指示、批准等文件的；

（7）专用合同条款中约定的其他情形。

因发包人原因未按计划开工日期开工的，发包人应按实际开工日期顺延竣工日期，确

112

保实际工期不低于合同约定的工期总日历天数。因发包人原因导致工期延误需要修订施工进度计划的，按照合同中施工进度计划的修订执行。

2. 因承包人原因导致工期延误

因承包人原因造成工期延误的，可以在专用合同条款中约定逾期竣工违约金的计算方法和逾期竣工违约金的上限。承包人支付逾期竣工违约金后，不免除承包人继续完成工程及修补缺陷的义务。

二十七、不利物质条件及异常恶劣的气候条件

1. 不利物质条件

不利物质条件是指有经验的承包人在施工现场遇到的不可预见的自然物质条件、非自然的物质障碍和污染物，包括地表以下物质条件和水文条件以及专用合同条款约定的其他情形，但不包括气候条件。

承包人遇到不利物质条件时，应采取克服不利物质条件的合理措施继续施工，并及时通知发包人和监理人。通知应载明不利物质条件的内容以及承包人认为不可预见的理由。监理人经发包人同意后应当及时发出指示，指示构成变更的，按合同［变更］约定执行。承包人因采取合理措施而增加的费用和（或）延误的工期由发包人承担。

2. 异常恶劣的气候条件

异常恶劣的气候条件是指在施工过程中遇到的，有经验的承包人在签订合同时不可预见的，对合同履行造成实质性影响的，但尚未构成不可抗力事件的恶劣气候条件。合同当事人可以在专用合同条款中约定异常恶劣的气候条件的具体情形。

承包人应采取克服异常恶劣的气候条件的合理措施继续施工，并及时通知发包人和监理人。监理人经发包人同意后应当及时发出指示，指示构成变更的，按合同中［变更］约定办理。承包人因采取合理措施而增加的费用和（或）延误的工期由发包人承担。

二十八、暂停施工

1. 发包人原因引起的暂停施工

因发包人原因引起暂停施工的，监理人经发包人同意后，应及时下达暂停施工指示。情况紧急且监理人未及时下达暂停施工指示的，按照合同规定［紧急情况下的暂停施工］执行。

因发包人原因引起的暂停施工，发包人应承担由此增加的费用和（或）延误的工期，并支付承包人合理的利润。

2. 承包人原因引起的暂停施工

因承包人原因引起的暂停施工，承包人应承担由此增加的费用和（或）延误的工期，且承包人在收到监理人复工指示后84天内仍未复工的，视为合同中［承包人违约的情形］第（7）目约定的承包人无法继续履行合同的情形。

3. 指示暂停施工

当监理人认为有必要，并经发包人批准后，可向承包人作出暂停施工的指示，承包人

应按监理人指示暂停施工。

4. 紧急情况下的暂停施工

因紧急情况需暂停施工，且监理人未及时下达暂停施工指示的，承包人可先暂停施工，并及时通知监理人。监理人应在接到通知后 24 小时内发出指示，逾期未发出指示，视为同意承包人暂停施工。监理人不同意承包人暂停施工的，应说明理由，承包人对监理人的答复有异议，按照合同规定的［争议解决］约定处理。

5. 暂停施工后的复工

暂停施工后，发包人和承包人应采取有效措施积极消除暂停施工的影响。在工程复工前，监理人会同发包人和承包人确定因暂停施工造成的损失，并确定工程复工条件。当工程具备复工条件时，监理人应经发包人批准后向承包人发出复工通知，承包人应按照复工通知要求复工。

承包人无故拖延和拒绝复工的，承包人承担由此增加的费用和（或）延误的工期；因发包人原因无法按时复工的，按照合同规定的［因发包人原因导致工期延误］约定办理。

6. 暂停施工持续 56 天以上

监理人发出暂停施工指示后 56 天内未向承包人发出复工通知，除该项停工属于合同中规定［承包人原因引起的暂停施工］及［不可抗力］约定的情形外，承包人可向发包人提交书面通知，要求发包人在收到书面通知后 28 天内准许已暂停施工的部分或全部工程继续施工。发包人逾期不予批准的，则承包人可以通知发包人，将工程受影响的部分视为按合同中规定［变更的范围］规定要求可取消工作。

暂停施工持续 84 天以上不复工的，且不属于合同规定的［承包人原因引起的暂停施工］及合同中规定的［不可抗力］约定的情形，并影响到整个工程以及合同目的实现的，承包人有权提出价格调整要求，或者解除合同。解除合同的，按照合同中［因发包人违约解除合同］执行。

7. 暂停施工期间的工程照管

暂停施工期间，承包人应负责妥善照管工程并提供安全保障，由此增加的费用由责任方承担。

8. 暂停施工的措施

暂停施工期间，发包人和承包人均应采取必要的措施确保工程质量及安全，防止因暂停施工扩大损失。

二十九、材料与设备

1. 发包人供应材料与工程设备

发包人自行供应材料、工程设备的，应在签订合同时在专用合同条款的附件《发包人供应材料设备一览表》中明确材料、工程设备的品种、规格、型号、数量、单价、质量等级和送达地点。

承包人应提前 30 天通过监理人以书面形式通知发包人供应材料与工程设备进场。承包人按照合同中［施工进度计划的修订］约定修订施工进度计划时，需同时提交经修订后的发包人供应材料与工程设备的进场计划。

2. 承包人采购材料与工程设备

承包人负责采购材料、工程设备的，应按照设计和有关标准要求采购，并提供产品合格证明及出厂证明，对材料、工程设备质量负责。合同约定由承包人采购的材料、工程设备，发包人不得指定生产厂家或供应商。发包人违反本款约定指定生产厂家或供应商的，承包人有权拒绝，并由发包人承担相应责任。

3. 材料与工程设备的接收与拒收

（1）发包人应按《发包人供应材料设备一览表》约定的内容提供材料和工程设备，并向承包人提供产品合格证明及出厂证明，对其质量负责。发包人应提前24小时以书面形式通知承包人、监理人材料和工程设备到货时间，承包人负责材料和工程设备的清点、检验和接收。

发包人提供的材料和工程设备的规格、数量或质量不符合合同约定的，或因发包人原因导致交货日期延误或交货地点变更等情况的，按照合同［发包人违约］约定办理。

（2）承包人采购的材料和工程设备，应保证产品质量合格，承包人应在材料和工程设备到货前24小时通知监理人检验。承包人进行永久设备、材料的制造和生产的，应符合相关质量标准，并向监理人提交材料的样本以及有关资料，并应在使用该材料或工程设备之前获得监理人同意。

承包人采购的材料和工程设备不符合设计或有关标准要求时，承包人应在监理人要求的合理期限内将不符合设计或有关标准要求的材料、工程设备运出施工现场，并重新采购符合要求的材料、工程设备，由此增加的费用和（或）延误的工期，由承包人承担。

4. 材料与工程设备的保管与使用

（1）发包人供应材料与工程设备的保管与使用

发包人供应的材料和工程设备，承包人清点后由承包人妥善保管，保管费用由发包人承担，但已标价工程量清单或预算书已经列支或专用合同条款另有约定除外。因承包人原因发生丢失毁损的，由承包人负责赔偿；监理人未通知承包人清点的，承包人不负责材料和工程设备的保管，由此导致丢失毁损的由发包人负责。

发包人供应的材料和工程设备在使用前由承包人负责检验，检验费用由发包人承担，不合格的不得使用。

（2）承包人采购材料与工程设备的保管与使用

承包人采购的材料和工程设备由承包人妥善保管，保管费用由承包人承担。法律规定材料和工程设备使用前必须进行检验或试验的，承包人应按监理人的要求进行检验或试验，检验或试验费用由承包人承担，不合格的不得使用。

发包人或监理人发现承包人使用不符合设计或有关标准要求的材料和工程设备时，有权要求承包人进行修复、拆除或重新采购，由此增加的费用和（或）延误的工期，由承包人承担。

5. 禁止使用不合格的材料和工程设备

（1）监理人有权拒绝承包人提供的不合格材料或工程设备，并要求承包人立即进行更换。监理人应在更换后再次进行检查和检验，由此增加的费用和（或）延误的工期由承包人承担。

（2）监理人一旦发现承包人使用不合格的材料和工程设备，承包人应按照监理人的指示立即改正，并禁止在工程中继续使用不合格的材料和工程设备。

（3）发包人提供的材料或工程设备不符合合同要求的，承包人有权拒绝，并可要求发包人更换，由此增加的费用和（或）延误的工期由发包人承担，并支付承包人合理的利润。

三十、试验与检验

1. 试验设备与试验人员

（1）承包人根据合同约定或监理人指示进行的现场材料试验，应由承包人提供试验场所、试验人员、试验设备以及其他必要的试验条件。监理人在必要时可以使用承包人提供的试验场所、试验设备以及其他试验条件，进行以工程质量检查为目的的材料复核试验，承包人应予以协助。

（2）承包人应按专用合同条款的约定提供试验设备、取样装置、试验场所和试验条件，并向监理人提交相应进场计划表。承包人配置的试验设备要符合相应试验规程的要求并经过具有资质的检测单位检测，且在正式使用该试验设备前，需要经过监理人与承包人共同校定。

（3）承包人应向监理人提交试验人员的名单及其岗位、资格等证明资料，试验人员必须能够熟练进行相应的检测试验，承包人对试验人员的试验程序和试验结果的正确性负责。

2. 取样

试验属于自检性质的，承包人可以单独取样。试验属于监理人抽检性质的，可由监理人取样，也可由承包人的试验人员在监理人的监督下取样。

3. 材料、工程设备和工程的试验和检验

（1）承包人应按合同约定进行材料、工程设备和工程的试验和检验，并为监理人对上述材料、工程设备和工程的质量检查提供必要的试验资料和原始记录。按合同约定应由监理人与承包人共同进行试验和检验的，由承包人负责提供必要的试验资料和原始记录。

（2）试验属于自检性质的，承包人可以单独进行试验。试验属于监理人抽检性质的，监理人可以单独进行试验，也可由承包人与监理人共同进行。承包人对由监理人单独进行的试验结果有异议的，可以申请重新共同进行试验。约定共同进行试验但监理人未按照约定参加试验的，承包人可自行试验，并将试验结果报送监理人，监理人应承认该试验结果。

（3）监理人对承包人的试验和检验结果有异议的，或为查清承包人试验和检验成果的可靠性要求承包人重新试验和检验的，可由监理人与承包人共同进行。重新试验和检验的结果证明该项材料、工程设备或工程的质量不符合合同要求的，由此增加的费用和（或）延误的工期由承包人承担；重新试验和检验结果证明该项材料、工程设备和工程符合合同要求的，由此增加的费用和（或）延误的工期由发包人承担。

4. 现场工艺试验

承包人应按合同约定或监理人指示进行现场工艺试验。对大型的现场工艺试验，当监理人认为必要时，承包人应根据监理人提出的工艺试验要求，编制工艺试验措施计划，报送监理人审查。

三十一、变更

1. 变更的范围

除专用合同条款另有约定外，合同履行过程中发生以下情形的，应按照本条约定进行变更：

（1）增加或减少合同中任何工作，或追加额外的工作；

（2）取消合同中任何工作，但转由他人实施的工作除外；

（3）改变合同中任何工作的质量标准或其他特性；

（4）改变工程的基线、标高、位置和尺寸；

（5）改变工程的时间安排或实施顺序。

2. 变更权

发包人和监理人均可以提出变更。变更指示均通过监理人发出，监理人发出变更指示前应征得发包人同意。承包人收到经发包人签认的变更指示后，方可实施变更。未经许可，承包人不得擅自对工程的任何部分进行变更。

涉及设计变更的，应由设计人提供变更后的图纸和说明。如变更超过原设计标准或批准的建设规模时，发包人应及时办理规划、设计变更等审批手续。

3. 变更程序

（1）发包人提出变更

发包人提出变更的，应通过监理人向承包人发出变更指示，变更指示应说明计划变更的工程范围和变更的内容。

（2）监理人提出变更建议

监理人提出变更建议的，需要向发包人以书面形式提出变更计划，说明计划变更工程范围和变更的内容、理由，以及实施该变更对合同价格和工期的影响。发包人同意变更的，由监理人向承包人发出变更指示；发包人不同意变更的，监理人无权擅自发出变更指示。

（3）变更执行

承包人收到监理人下达的变更指示后，认为不能执行，应立即提出不能执行该变更指示的理由。承包人认为可以执行变更的，应当书面说明实施该变更指示对合同价格和工期的影响，且合同当事人应当按照合同［变更估价］约定确定变更估价。

4. 变更估价原则

除专用合同条款另有约定外，变更估价按照本款约定处理：

（1）已标价工程量清单或预算书有相同项目的，按照相同项目单价认定；

（2）已标价工程量清单或预算书中无相同项目，但有类似项目的，参照类似项目的单价认定；

（3）变更导致实际完成的变更工程量与已标价工程量清单或预算书中列明的该项目工程量的变化幅度超过15%的，或已标价工程量清单或预算书中无相同项目及类似项目单价的，按照合理的成本与利润构成的原则，由合同当事人按照合同中［商定或确定］确定变更工作的单价。

5. 变更估价程序

承包人应在收到变更指示后 14 天内，向监理人提交变更估价申请。监理人应在收到承包人提交的变更估价申请后 7 天内审查完毕并报送发包人，监理人对变更估价申请有异议的，通知承包人修改后重新提交。发包人应在承包人提交变更估价申请后 14 天内审批完毕，发包人逾期未完成审批或未提出异议的，视为认可承包人提交的变更估价申请。

因变更引起的价格调整应计入最近一期的进度款中支付。

三十二、计日工

需要采用计日工方式的，经发包人同意后，由监理人通知承包人以计日工计价方式实施相应的工作，其价款按列入已标价工程量清单或预算书中的计日工计价项目及其单价进行计算；已标价工程量清单或预算书中无相应的计日工单价的，按照合理的成本与利润构成的原则，由合同当事人按照合同中［商定或确定］确定变更工作的单价。

采用计日工计价的任何一项工作，承包人应在该项工作实施过程中，每天提交以下报表和有关凭证报送监理人审查：

（1）工作名称、内容和数量；

（2）投入该工作的所有人员的姓名、专业、工种、级别和耗用工时；

（3）投入该工作的材料类别和数量；

（4）投入该工作的施工设备型号、台数和耗用台时；

（5）其他有关资料和凭证。

计日工由承包人汇总后，列入最近一期进度付款申请单，由监理人审查并经发包人批准后列入进度付款。

三十三、竣工验收

1. 竣工验收程序

除专用合同条款另有约定外，承包人申请竣工验收的，应当按照以下程序进行：

（1）承包人向监理人报送竣工验收申请报告，监理人应在收到竣工验收申请报告后 14 天内完成审查并报送发包人。监理人审查后认为尚不具备验收条件的，应通知承包人在竣工验收前还需完成的工作内容，承包人应在完成监理人通知的全部工作内容后，再次提交竣工验收申请报告。

（2）监理人审查后认为已具备竣工验收条件的，应将竣工验收申请报告提交发包人，发包人应在收到经监理人审核的竣工验收申请报告后 28 天内审批完毕并组织监理人、承包人、设计人等相关单位完成竣工验收。

（3）竣工验收合格的，发包人应在验收合格后 14 天内向承包人签发工程接收证书。发包人无正当理由逾期不颁发工程接收证书的，自验收合格后第 15 天起视为已颁发工程接收证书。

（4）竣工验收不合格的，监理人应按照验收意见发出指示，要求承包人对不合格工程返工、修复或采取其他补救措施，由此增加的费用和（或）延误的工期由承包人承担。承包人在完成不合格工程的返工、修复或采取其他补救措施后，应重新提交竣工验收申请报告，并按本项约定的程序重新进行验收。

（5）工程未经验收或验收不合格，发包人擅自使用的，应在转移占有工程后7天内向承包人颁发工程接收证书；发包人无正当理由逾期不颁发工程接收证书的，自转移占有后第15天起视为已颁发工程接收证书。

除专用合同条款另有约定外，发包人不按照本项约定组织竣工验收、颁发工程接收证书的，每逾期一天，应以签约合同价为基数，按照中国人民银行发布的同期同类贷款基准利率支付违约金。

2. 竣工日期

工程经竣工验收合格的，以承包人提交竣工验收申请报告之日为实际竣工日期，并在工程接收证书中载明；因发包人原因，未在监理人收到承包人提交的竣工验收申请报告42天内完成竣工验收，或完成竣工验收不予签发工程接收证书的，以提交竣工验收申请报告的日期为实际竣工日期；工程未经竣工验收，发包人擅自使用的，以转移占有工程之日为实际竣工日期。

3. 拒绝接收全部或部分工程

对于竣工验收不合格的工程，承包人完成整改后，应当重新进行竣工验收，经重新组织验收仍不合格且无法采取措施补救的，则发包人可以拒绝接收不合格工程。因不合格工程导致其他工程不能正常使用的，承包人应采取措施确保相关工程的正常使用，由此增加的费用和（或）延误的工期由承包人承担。

4. 移交、接收全部与部分工程

除专用合同条款另有约定外，合同当事人应当在颁发工程接收证书后7天内完成工程的移交。

发包人无正当理由不接收工程的，发包人自应当接收工程之日起，承担工程照管、成品保护、保管等与工程有关的各项费用，合同当事人可以在专用合同条款中另行约定发包人逾期接收工程的违约责任。

承包人无正当理由不移交工程的，承包人应承担工程照管、成品保护、保管等与工程有关的各项费用，合同当事人可以在专用合同条款中另行约定承包人无正当理由不移交工程的违约责任。

三十四、发包人违约

1. 发包人违约的情形
在合同履行过程中发生的下列情形，属于发包人违约：
（1）因发包人原因未能在计划开工日期前7天内下达开工通知的；
（2）因发包人原因未能按合同约定支付合同价款的；
（3）发包人违反合同中变更的范围中相关的约定，自行实施被取消的工作或转由他人实施的；
（4）发包人提供的材料、工程设备的规格、数量或质量不符合合同约定，或因发包人原因导致交货日期延误或交货地点变更等情况的；

（5）因发包人违反合同约定造成暂停施工的；

（6）发包人未在约定期限内发出复工指示且无正当理由，导致承包人无法复工的；

（7）发包人明确表示或者以其行为表明不履行合同主要义务的；

（8）发包人未能按照合同约定履行其他义务的。

发包人发生合同约定中以外的违约情况时，承包人可向发包人发出通知，要求发包人采取有效措施纠正违约行为。发包人收到承包人通知后28天内仍不纠正违约行为的，承包人有权暂停相应部位工程施工，并通知监理人。

2. 发包人违约的责任

发包人应承担因其违约给承包人增加的费用和（或）延误的工期，并支付承包人合理的利润。此外，合同当事人可在专用合同条款中另行约定发包人违约责任的承担方式和计算方法。

3. 因发包人违约解除合同

除专用合同条款另有约定外，承包人按合同中［发包人违约的情形］约定暂停施工满28天后，发包人仍不纠正其违约行为并致使合同目的不能实现的，或出现合同中［发包人违约的情形］约定的违约情况，承包人有权解除合同，发包人应承担由此增加的费用，并支付承包人合理的利润。

4. 因发包人违约解除合同后的付款

承包人按照本款约定解除合同的，发包人应在解除合同后28天内支付下列款项，并解除履约担保：

（1）合同解除前所完成工作的价款；

（2）承包人为工程施工订购并已付款的材料、工程设备和其他物品的价款；

（3）承包人撤离施工现场以及遣散承包人人员的款项；

（4）按照合同约定在合同解除前应支付的违约金；

（5）按照合同约定应当支付给承包人的其他款项；

·（6）按照合同约定应退还的质量保证金；

（7）因解除合同给承包人造成的损失。

合同当事人未能就解除合同后的结清达成一致的，按照合同中［争议解决］的约定处理。

承包人应妥善做好已完工程和与工程有关的已购材料、工程设备的保护和移交工作，并将施工设备和人员撤出施工现场，发包人应为承包人撤出提供必要条件。

三十五、承包人违约

1. 承包人违约的情形

在合同履行过程中发生的下列情形，属于承包人违约：

（1）承包人违反合同约定进行转包或违法分包的；

（2）承包人违反合同约定采购和使用不合格的材料和工程设备的；

（3）因承包人原因导致工程质量不符合合同要求的；

（4）承包人违反合同中［材料与设备专用要求］的约定，未经批准，私自将已按照合同约定进入施工现场的材料或设备撤离施工现场的；

（5）承包人未能按施工进度计划及时完成合同约定的工作，造成工期延误的；

（6）承包人在缺陷责任期及保修期内，未能在合理期限对工程缺陷进行修复，或拒绝按发包人要求进行修复的；

（7）承包人明确表示或者以其行为表明不履行合同主要义务的；

（8）承包人未能按照合同约定履行其他义务的。

承包人发生合同中约定以外的其他违约情况时，监理人可向承包人发出整改通知，要求其在指定的期限内改正。

2. 承包人违约的责任

承包人应承担因其违约行为而增加的费用和（或）延误的工期。此外，合同当事人可在专用合同条款中另行约定承包人违约责任的承担方式和计算方法。

3. 因承包人违约解除合同

除专用合同条款另有约定外，出现合同中［承包人违约的情形］约定的违约情况时，或监理人发出整改通知后，承包人在指定的合理期限内仍不纠正违约行为并致使合同目的不能实现的，发包人有权解除合同。合同解除后，因继续完成工程的需要，发包人有权使用承包人在施工现场的材料、设备、临时工程、承包人文件和由承包人或以其名义编制的其他文件，合同当事人应在专用合同条款约定相应费用的承担方式。发包人继续使用的行为不免除或减轻承包人应承担的违约责任。

4. 因承包人违约解除合同后的处理

因承包人原因导致合同解除的，则合同当事人应在合同解除后28天内完成估价、付款和清算，并按以下约定执行：

（1）合同解除后，按合同中［商定或确定］商定或确定承包人实际完成工作对应的合同价款，以及承包人已提供的材料、工程设备、施工设备和临时工程等的价值；

（2）合同解除后，承包人应支付的违约金；

（3）合同解除后，因解除合同给发包人造成的损失；

（4）合同解除后，承包人应按照发包人要求和监理人的指示完成现场的清理和撤离；

（5）发包人和承包人应在合同解除后进行清算，出具最终结清付款证书，结清全部款项。

因承包人违约解除合同的，发包人有权暂停对承包人的付款，查清各项付款和已扣款项。发包人和承包人未能就合同解除后的清算和款项支付达成一致的，按照合同中［争议解决］的约定处理。

三十六、承包人的索赔

1. 承包人索赔程序

根据合同约定，承包人认为有权得到追加付款和（或）延长工期的，应按以下程序向发包人提出索赔：

（1）承包人应在知道或应当知道索赔事件发生后28天内，向监理人递交索赔意向通知书，并说明发生索赔事件的事由；承包人未在28天内发出索赔意向通知书的，丧失要求追加付款和（或）延长工期的权利；

（2）承包人应在发出索赔意向通知书后 28 天内，向监理人正式递交索赔报告；索赔报告应详细说明索赔理由以及要求追加的付款金额和（或）延长的工期，并附必要的记录和证明材料；

（3）索赔事件具有持续影响的，承包人应按合理时间间隔继续递交延续索赔通知，说明持续影响的实际情况和记录，列出累计的追加付款金额和（或）工期延长天数；

（4）在索赔事件影响结束后 28 天内，承包人应向监理人递交最终索赔报告，说明最终要求索赔的追加付款金额和（或）延长的工期，并附必要的记录和证明材料。

2. 对承包人索赔的处理

（1）监理人应在收到索赔报告后 14 天内完成审查并报送发包人，监理人对索赔报告存在异议的，有权要求承包人提交全部原始记录副本；

（2）发包人应在监理人收到索赔报告或有关索赔的进一步证明材料后的 28 天内，由监理人向承包人出具经发包人签认的索赔处理结果，发包人逾期答复的，则视为认可承包人的索赔要求；

（3）承包人接受索赔处理结果的，索赔款项在当期进度款中进行支付；承包人不接受索赔处理结果的，按照合同中［争议解决］约定处理。

三十七、发包人的索赔

1. 发包人索赔程序

根据合同约定，发包人认为有权得到赔付金额和（或）延长缺陷责任期的，监理人应向承包人发出通知并附有详细的证明。

发包人应在知道或应当知道索赔事件发生后 28 天内通过监理人向承包人提出索赔意向通知书，发包人未在前述 28 天内发出索赔意向通知书的，丧失要求赔付金额和（或）延长缺陷责任期的权利。发包人应在发出索赔意向通知书后 28 天内，通过监理人向承包人正式递交索赔报告。

2. 对发包人索赔的处理

（1）承包人收到发包人提交的索赔报告后，应及时审查索赔报告的内容、查验发包人证明材料；

（2）承包人应在收到索赔报告或有关索赔的进一步证明材料后 28 天内，将索赔处理结果答复发包人；若承包人未在上述期限内作出答复，则视为对发包人索赔要求的认可；

（3）承包人接受索赔处理结果的，发包人可从应支付给承包人的合同价款中扣除赔付的金额或延长缺陷责任期；发包人不接受索赔处理结果的，按合同中［争议解决］约定处理。

3. 提出索赔的期限

（1）承包人按合同中［竣工结算审核］约定接收竣工付款证书后，应被视为已无权再提出在工程接收证书颁发前所发生的任何索赔。

（2）承包人按合同中［最终结清］提交的最终结清申请单中，只限于提出工程接收证书颁发后发生的索赔。提出索赔的期限自接受最终结清证书时终止。

第七章 监理文件参考范本

在施工现场的监理工作中，掌握一些监理文件是监理日常工作的一部分，因而，无论监理员、监理工程师还是总监，都必须要熟知这些文件的编制程序以及编制内容。

本章给出一些参考范本，在实际工作中，应根据工地的具体情况针对性地编制监理的各项文件。

一、一般工程应编制的监理细则

1. 安全生产监理细则
2. 钻、冲孔灌注桩工程监理细则
3. 人工挖孔灌注桩工程监理细则
4. 预制桩工程监理细则
5. 沉管灌注桩工程监理细则
6. 锤击预应力混凝土管桩工程监理细则
7. 静压预应力混凝土管桩工程监理细则
8. 锚杆工程监理细则
9. 地下连续墙工程监理细则
10. 基坑锚喷网工程监理细则
11. 土方工程监理细则
12. 模板工程监理细则
13. 高支撑模板系统工程监理细则
14. 钢筋工程监理细则
15. 混凝土工程监理细则
16. 高强混凝土工程监理细则
17. 大体积混凝土工程监理细则
18. 砌体工程监理细则
19. 抹灰工程监理细则
20. 装饰装修工程监理细则
21. 门窗工程监理细则
22. 建筑地面工程监理细则
23. 屋面工程监理细则
24. 预应力工程监理细则
25. 钢管混凝土结构工程监理细则
26. 玻璃幕墙工程监理细则

27. 地下防水工程监理细则

28. 建筑给水、排水工程监理细则

29. 建筑电气工程监理细则

30. 电梯安装工程监理细则

31. 通风空调工程监理细则

32. 建筑消防工程监理细则

33. 工程投资控制监理细则

34. 金属与石材幕墙工程监理细则

35. 绿化工程监理细则

36. 基坑支护水泥土搅拌桩工程监理细则

37. 建筑节能工程监理细则

38. 智能建筑工程监理细则

39. 地基处理工程监理细则

40. 旁站监理方案

41. 项目部监理工作制度

二、一般工程应编制的质量评估报告

1. 桩基质量评估报告

2. 地基与基础质量评估报告

3. 主体质量评估报告

4. 幕墙工程质量评估报告

5. 精装修质量评估报告

6. 人防工程质量评估报告

7. 节能工程质量评估报告

8. 安装工程质量评估报告

9. 消防工程质量评估报告

10. 安防工程质量评估报告

11. 钢结构工程质量评估报告

12. 竣工验收质量评估报告

13. 市政质量评估报告

14. 景观绿化工程质量评估报告

15. 监理工作总结报告

三、基础质量评估报告参考范本

下文是一般工程基础工程质量评估报告编写的模板,可以供工作中参考。

(一)工程概况

1. 工程名称: _____

2. 建设地点：_____

3. 建设单位：_____

4. 设计单位：_____

5. 勘察单位：_____

6. 质量监督单位：_____

7. 监理单位：_____

8. 施工单位：_____

9. 工程规模：____楼地上结构____层，（有/无）地下室，建筑面积为____ m² 现浇钢筋混凝土框架结构，采用独立基础，基础承台及柱身混凝土强度等级为 C30，底层梁板混凝土强度等级为 C25，基础垫层的混凝土强度等级为 C15。地基基础工程的设计使用年限为 50 年，抗震设防裂度为 8 度。

（二）质量评估依据

1. 本工程设计图纸和设计变更；

2.《建设监理合同》及《施工合同》；

3.《工程建设标准强制性条文》和有关施工图集；

4.《建筑工程施工质量验收统一标准》GB/T 50300—2013 及《混凝土结构工程施工质量验收规范》GB 50204—2002（2010 版）；

5.《建设工程监理规范》GB/T 50319—2013；

6. ××市有关工程施工规定的文件；

7. 本工程监理规划、监理细则和安全监理方案；

8. 施工企业工艺标准和《建筑地基基础工程施工质量验收规范》GB 50202—2002。

（三）工艺标准执行和管理体系运行

本工程所报的施工组织设计和专项施工方案与施工企业工艺标准及设计文件相符合。施工过程中基本能按照所制定的施工方案组织施工，施工质量基本满足企业标准和相关规范标准，现场施工组织管理制度基本完整，管理体系基本健全。

（四）工程质量管理情况

本工程由承包单位（_____）于中标之日起成立该小区工程项目部，实行项目经理责任制。组织项目部人员勘察施工现场，绘制合理的现场施工平面图，编制施工组织设计。承包单位对工程质量进行自检，并服从建设单位及监理单位的管理，配合监理单位工作，严格控制工程质量。对建设单位及监理单位提出的有益于工程质量及工程进度的意见进行采纳，更好地进行____号楼工程的施工。

（五）法律、法规及强制性条文执行情况

本工程施工中，施工单位能够认真按照施工图纸要求进行施工，严格按照施工质量验收规范要求及强制性条文施工，能满足法律、法规及有关规定，符合验收规范要求。

（六）勘察、设计单位配合情况，设计功能指标实现情况

本工程在施工过程中，勘察、设计单位能够很好地配合工程的开展。基槽土方开挖后，勘察、设计单位及时组织人员到现场检查验收。现场施工与图纸设计相符，能满足设计功能指标要求。

（七）监理措施

1. 在工程开工前，我监理部对下列几个方面进行重点控制：

（1）对承包单位进行资质审验，对项目经理及专业工程操作人员进行资格检查。

（2）对施工现场的质量管理体系及质量责任制进行检查。

（3）组织设计图纸会审和交底。

（4）对施工组织设计、施工方案进行审批。

（5）对工程测量放线成果进行复核，确保工程定位正确。

2. 在施工过程中，我监理部遵循规范验收、验评分离、强化验收等程序，进行过程控制，具体从以下几个方面控制工程质量：

（1）进行过程控制，重点控制各检验批质量验收，从而确保分项、子分部、分部的质量控制。对各检验批隐蔽工程质量如实验收，若发现问题均进行整改，直到合格后方可进行下一道工序施工。

（2）对于主要工序或关键部位，实行旁站监理，并有旁站记录。

（3）在日常监理过程中，我们采用巡视、平行检验等方式，发现问题及时处理。

（4）对混凝土配合比进行严格审查，对原材料进行严格的送检见证工作。

（八）工程质量监理情况

1. 在监理过程中，认真学习相关法律、法规及《工程建设标准强制性条文》，认真检查施工单位执行《工程建设标准强制性条文》及施工企业工艺标准的情况，以及施工合同的履行情况和相关资料的执行情况；认真学习《建筑工程施工质量验收统一标准》及新修改过的验收规范及规程等标准，并以此为监理的工作依据。

2. 监理项目部在总监理工程师的主持下编制具有针对性的《监理规划》，经公司总工程师审批后用于指导本工程的监理工作。明确各专业分工，落实岗位职责，专业监理工程师制定《监理实施细则》并重点介绍旁站监理的范围、内容及旁站人员职责等，督促施工单位建立健全质量保证管理体系。在施工过程中随时检查现场质量管理体系的运转情况，保证质量在动态管理控制之下。

3. 积极参与建设单位组织的设计交底和图纸会审，严格审批施工单位所呈报的《施工组织设计》及专项方案，提出具体批复意见并督促其在施工中贯彻实施。

4. 严格执行工程材料报验制度，对涉及结构安全的材料（如钢筋、水泥等）进行见证取样送检，复试合格后方可使用于本工程。

5. 对重要的工程部位或工序进行旁站监理，如对承台基础混凝土浇筑进行全过程旁站监理。旁站过程应从混凝土坍落度、浇筑、振捣、钢筋变形等方面进行控制，并认真做好旁站记录，混凝土浇筑成型后，督促施工单位及时覆盖养护。

6. 加强质量的事前控制，加大过程中的巡视力度，及时解决图纸中存在的问题，避免一些质量问题的发生。`

7. 针对施工过程中存在的质量通病问题，应及时处理并验收复查。例如，施工单位在绑扎梁、柱钢筋时，存在主筋偏位、拉结筋一端弯钩角度不符合要求、箍筋间距大小不一等现象，应在浇筑混凝土前全部令其整改完毕，经验收复查合格方可。

8. 在基础施工时，对测量放线结果进行复验，轴线、标高及钢筋绑扎符合要求后方可浇筑，防止柱、梁出现偏差，严格按图纸设计及规范要求施工。在浇筑混凝土时，因采用商品混凝土，浇筑混凝土前，对混凝土配合比进行核对，检查是否与设计等级相符。

（九）施工质量问题及处理情况

在基础施工过程中，严格控制工程质量，对有发生的一般质量缺陷，已按整改方案处理。

（十）检验批、分项、分部（子分部）工程质量验收情况

分部工程	子分部	分项工程		检验批数	合计
地基基础分部	无支护土方	土方开挖回填			
	混凝土基础	模板分项	模板安装		
			模板拆除		
		钢筋分项	原材料		
			钢筋加工		
			钢筋连接		
			钢筋安装		
		混凝土分项	原材料		
			配合比设计		
			混凝土施工		
		现浇结构分项	外观质量		
			尺寸偏差		

该隐蔽检验批为＿＿＿份，本分部工程各分项划分正确，各分项统计完整，各检验批验收记录真实完整，施工质量符合设计和验收规范要求。

（十一）工程质量控制资料

1. 质量控制资料中，各子分部工程的原材料（如钢筋、水泥、砂等）进场后，首先检查产品质量证明文件及检验报告，核查原材料的品种、规格、性能是否符合设计要求和技术质量标准，同时对材料出厂证明文件、产品合格证进行审查、签发。

2. 本工程隐蔽工程验收记录内容均真实完整，各分项工程验收记录齐全，该分部工程质量控制资料基本完整。

3. 混凝土强度试块严格按照规范要求留置（按照见证取样方案进行取样送检），其中混凝土强度试验报告结果合格。

（十二）有关安全及功能的检验和抽样检测结果

混凝土强度：本基础分部工程混凝土标养试块留置＿＿＿组 C15、＿＿＿组 C25、＿＿＿组 C30，同条件养护试块留置＿＿＿组 C30、＿＿＿组 C25，按数理统计评定（组数不够按非统计方法进行评定），其结果均满足设计和验收规范要求。

（十三）工程质量、安全事故处理情况

对于可能存在工程质量、安全隐患的，我监理项目部及时下发《监理工程师通知单》

并督促落实，已得到落实。目前无重大工程质量、安全事故。

（十四）质量评估总结

综上所述，该工程地基与基础分部工程施工验收记录齐全，质量控制资料基本完整，实体检验检测结果符合要求，施工质量符合设计图纸和施工质量验收规范要求，同意验收。

我项目监理部对本工程地基基础评定为：合格。

总监理工程师：

2014 年　　月　　日

四、主体质量评估报告

下文是一份主体工程质量监理评估报告的编制范本，可以供工作中编制参考。

（一）工程概况

1. 工程名称：＿＿＿＿＿＿＿＿＿＿＿＿＿＿＿＿＿＿＿＿＿

2. 建设单位：＿＿＿＿＿＿＿＿＿＿＿＿＿＿＿＿＿＿＿＿＿

3. 设计单位：＿＿＿＿＿＿＿＿＿＿＿＿＿＿＿＿＿＿＿＿＿

4. 勘察单位：＿＿＿＿＿＿＿＿＿＿＿＿＿＿＿＿＿＿＿＿＿

5. 监理单位：＿＿＿＿＿＿＿＿＿＿＿＿＿＿＿＿＿＿＿＿＿

6. 施工单位：＿＿＿＿＿＿＿＿＿＿＿＿＿＿＿＿＿＿＿＿＿

7. 政府监督部门：＿＿＿＿＿＿＿＿＿＿＿＿＿＿＿＿＿

8. 工程规模：＿＿＿＿＿＿＿＿＿＿＿＿＿＿＿＿＿＿＿＿

（二）质量评估依据

1. 工程设计文件、设计变更

2. 本分部所涉及的相关规范和标准：《建筑工程施工质量验收统一标准》、《混凝土结构工程施工质量验收规范》、《建筑地基基础工程施工质量验收规范》

3. 工程材料检测、施工试验的有关技术报告和结论

4. 现行的有关建筑工程质量管理办法、规定

5. 《施工承包合同》、《监理委托合同》

（三）工艺标准执行和管理体系运行

本工程所报的施工组织设计与施工企业工艺标准及设计文件相符合。施工过程中基本能按照所制定的施工方案组织施工，施工质量基本满足企业标准，现场施工组织管理制度完整，管理体系基本健全。

（四）工程分包内容、承建单位及质量管理情况

本工程主体结构无分包单位。

（五）法律、法规及强制性条文执行情况

本工程施工中，认真按照施工图纸要求进行施工，严格按照施工质量验收规范要求及强制性条文施工，能满足法律、法规及有关规定，符合验收规范要求。

（六）勘察、设计单位配合情况，设计功能指标实现情况

本工程在施工过程中，勘察、设计单位能够很好地配合工程的开展，及时地解决在施

工过程中出现的有关疑问。在整个施工过程中，设计单位能及时解决现场施工中遇到的难题，对加快工程进度和提高施工质量起到了明显的作用。现场施工与图纸设计相符，能满足设计功能指标要求。

（七）工程质量监理情况

1. 在该分部工程监理过程中，我监理部认真学习相关法律、法规及《工程建设标准强制性条文》，组织各专业监理工程师熟悉设计图纸、操作规程及相关资料，严格检查施工单位执行《工程建设标准强制性条文》的情况以及施工合同的履行情况。

2. 监理项目部在总监理工程师的主持下编制了具有针对性的《监理规范》，经公司总工程师审批后用于指导本工程的监理工作。明确各专业分工，落实岗位职责，专业监理工程师制定各个阶段的《监理实施细则》并重点介绍旁站监理的范围、内容及旁站人员职责等，督促施工单位建立健全质量保证管理体系。施工过程中随时检查现场质量管理体系运转情况，保证质量在动态管理控制之下。

3. 积极参与建设单位组织的设计交底和图纸会审，严格审批施工单位所呈报的施工组织设计及专项施工方案。

4. 严格执行工程材料报验制度，对涉及结构安全的材料如钢筋、水泥等进行见证取样送检，复检合格后方可使用于本工程。

5. 依据施工质量验收规范，严格实行检验批、隐蔽工程报验制度。通过对检验批的质量验收进行过程控制，在过程控制中检验批按主控项目和一般项目验收，如对钢材原材料、加工、连接、安装检验批的检查以及模板安装、拆除检验批的检查。

6. 对重要的工程部位或工序进行旁站监理，如框架柱、梁板混凝土浇筑进行全过程旁站监理。旁站过程中从模板支撑、混凝土坍落度、浇筑、振捣、钢筋变形等方面进行控制，并认真做好旁站记录，混凝土浇筑成型后，督促施工单位及时覆盖养护。

7. 加强质量的事前控制，加大过程中的巡视力度，及时解决图纸中存在的问题，避免一些质量问题的发生。

8. 针对施工过程中存在的质量问题，应及时处理并验收复查。例如，施工单位在绑扎框架梁、板钢筋时，存在的钢筋偏位、垫块漏放等现象，在浇筑混凝土前全部令其整改完毕，经验收复查合格方可。

9. 对施工中的测量放线进行复验，要求符合图纸设计及规范要求。

（八）施工质量问题及处理情况

在施工过程中，严格控制工程质量，对发生的一般质量缺陷已按方案处理。

（九）检验批、分项、分部（子分部）工程质量验收情况

本分部工程各分项划分正确，各分项统计完整，各检验批验收记录真实完整，施工质量符合设计和验收规范要求。

（十）工程质量控制资料

1. 质量控制资料中各子分部的原材料（如钢筋、水泥、多孔砖等）进场后，首先检查产品质量证明文件及检验报告，核查原材料的品种、规格、性能是否符合设计要求和技术质量标准，同时对材料出厂证明文件、产品合格证进行审查、签发。

2. 本工程隐蔽工程验收记录内容均真实完整，各分项工程验收记录齐全，该分部工程质量控制资料完整。

3. 依据《建设工程质量管理条例》规定，先后对原材料、构配件、设备、混凝土试块、砂浆试块等见证取样送检，不合格的原材料、构配件等没有用于工程中。

钢材：均有出厂合格证，复检报告____份，品种、规格、级别与设计文件要求相符，批量符合工程需要量，力学性能符合《钢筋混凝土结构》质量验收规范要求。

钢筋焊接：电渣压力焊取样____组，试验合格。

水泥：本工程采用的×××水泥公司生产的复合硅酸盐32.5级水泥，水泥出厂合格证和试验报告____份，复检合格。

商品混凝土：由×××有限公司提供，商品混凝土均有质量证明书。

砖：烧结页岩多孔砖试验报告____份，烧结页岩实心砖试验报告____份，全部合格。

砂浆：M7.5水泥砂浆留置试块____组，M5混合砂浆留置试块____组。

砂：中砂取样____组，试验合格。

（十一）实体检测

1. 钢筋保护层：经检测达到设计要求。

2. 混凝土强度回弹：经检测达到设计要求。

3. 沉降观测：经阶段检测沉降稳定。

（十二）工程质量事故处理情况

无重大工程质量事故。

（十三）工程观感质量验收

本工程主体结构分部混凝土浇筑质量经拆模后观察除局部存在蜂窝、麻面一般缺陷外，无严重质量缺陷。外观观感质量符合要求。

（十四）质量评估意见

综上所述，本报告是在以施工单位对该项目自检合格、工程资料基本齐全、施工单位提出验收申请及自评报告基础上，根据监理工程师日常巡视、旁站、平行检查、复查、见证取样试验、资料审核等方式所掌握的情况，结合项目监理部对该分部的预验收情况编写评估。经过本项目监理部对主体结构分部工程施工质量及工程资料进行全面检查，认为资料完整，观感质量符合要求，工程质量满足设计及施工规范要求，同意主体结构分部工程验收。工程评定为合格。

总监理工程师：

2014 年　月　日

五、精装修监理评估报告

下文是一份精装修监理质量评估报告的编制范本，可供工作中参考。

（一）工程建设的基本情况

1. 工程概况

×××××××

2. 工程参建责任单位

建设单位：＿＿＿＿＿＿＿＿＿＿＿＿＿＿＿＿＿＿＿＿＿＿＿＿＿＿

设计单位：＿＿＿＿＿＿＿＿＿＿＿＿＿＿＿＿＿＿＿＿＿＿＿＿＿＿

专业设计：_____

勘察单位：_____

监理单位：_____

总包单位：_____

施工单位：_____

检测单位：_____

质监单位：_____

（二）评估依据

（1）工程施工合同

（2）工程设计施工图、图纸会审纪要、设计变更

（3）现行施工验收规范、检验评定标准、技术规范

① 《建筑工程施工质量验收统一标准》

② 《建筑装饰装修工程质量验收规范》

③ 《建筑地面施工质量验收规范》

④ 《地下防水工程质量验收规范》

⑤ 《建筑电气工程施工质量验收规范》

⑥ 《建筑给水排水及采暖工程施工质量验收规范》

⑦ 《民用建筑工程室内环境污染控制规范》

⑧ 《建筑工程检测技术标准》

⑨ 《施工现场临时用电安全技术规范》

⑩ 《工程测量规范》

⑪ 《建设工程监理规范》

（4）××省建筑工程质量验收相关规定

（5）其他有关法律法规及规定

（三）监理单位对工程质量控制情况

1. 施工前质量控制

（1）确定装修工程监理人员，编制监理实施细则。

（2）对企业资质、人员资格进行审查。在工程开工前，对施工单位资质及拟选定的检测单位资质进行审查，符合要求后方准开展工作；对工程管理人员，特种作业人员从业资格进行审查，确保相关人员持证上岗。审核企业资质证明材料，管理人员及特种作业人员资格证。

（3）审核装修工程施工组织设计及各专项方案，并提出监理审核意见。

2. 施工过程质量控制

该工程于××年××月××日开工，××年××月××日全部完成。在整个施工过程中项目监理部按照相关设计文件、施工质量验收规范、监理规划及监理实施细则进行监理，对原材料进场及施工过程各关键工序进行严格控制。

（1）原材料质量控制

依据招投标文件，核对所有进场原材料的材料品牌、生产厂家，重点审查其质量证明文件，同时按规范要求对部分材料按规定进行了抽样复试，复试检测情况如下表：

序号	名　　称	规格	数量	送样数量	结果
1	膨胀螺栓后置埋件现场拉拔	M8×80	1600 支	1组	合格
2	膨胀螺栓后置埋件现场拉拔	M12×100	800 支	1组	合格
3	化学螺栓后置埋件现场拉拔	M16×190	20 支	1组	合格
4	全牙吊杆后置埋件现场拉拔	M8×1000	1800m	1组	合格
5	普通硅酸盐水泥	PC32.5	120t	1组	合格
6	砂含泥量、粒径级配	中粗砂	180t	1组	合格
7	空心型钢物理性能	20×40×2	20t	1组	合格
8	空心型钢物理性能	40×40×3	35t	1组	合格
9	空心型钢物理性能	120×80×3.5	40t	1组	合格
10	角钢物理性能	50×50×5	18t	1组	合格
11	角钢物理性能	40×40×4	22t	1组	合格
12	扁钢物理性能	30×3	1.6t	1组	合格
13	扁钢物理性能	40×10	0.9t	1组	合格
14	槽钢物理性能	10 号	60t	1组	合格
15	槽钢物理性能	16 号	20t	1组	合格
16	槽钢物理性能	25 号	0.2t	1组	合格
17	槽钢物理性能	5 号	0.6t	1组	合格
18	C 型钢物理性能	80×50×20×2	160t	1组	合格
19	G623 花岗岩物理性能、放射性	1000×1000、750×750	4600m²	1组	合格
20	天山红花岗岩物理性能放射性	750×750	1200m²	1组	合格
21	绝缘电线线芯截面、导体电阻	2.5mm²	15000m	1组	合格
22	绝缘电线线芯截面、导体电阻	4mm²	8800m	1组	合格
23	不锈钢板成分分析	1.5mm 厚	560m²	1组	合格
24	不锈钢板成分分析	2mm 厚	840m²	1组	合格
25	不锈钢板成分分析	3mm 厚	60m²	1组	合格
26	不锈钢管成分分析	φ45×1.5	2400m	1组	合格
27	不锈钢管成分分析	φ51×1.5	2400m	1组	合格
28	不锈钢管成分分析	φ38×1.5	1500m	1组	合格
29	不锈钢管成分分析	φ16×1.5	1420m	1组	合格
30	细木工板甲醛含量	12mm	200m²	1组	合格
31	聚氨酯防水涂料	20kg	1800m²	1组	合格
32	玻化砖粘结剂粘结强度		180t	1组	合格
33	完全玻化砖(吸水率、抗冻性、破坏强度)	600×600、800×800	3600m²	1组	合格

注：根据工地的实际情况填写。

（2）施工过程各工序质量控制

施工过程中，监理人员采用旁站、巡视、平行检查的方法和手段加强对施工过程中每道工序的控制和检查，浇筑混凝土垫层、防水施工中进行旁站监理，施工过程中加强巡视检查，发现问题以口头或例会形式及时要求施工单位整改消除。每道工序及每个检验批完成后，在施工单位自检合格的基础上，对安装尺寸进行实测实量，对钢骨架安装、焊接质量、除锈刷漆等每一道工序严格按照相关规范要求进行隐蔽验收，保证装修工程质量、使用功能及观感质量符合要求。

（四）检验批、分项及子分部工程验收情况

1. 检验批划分

依据验收规范的规定，本工程装饰装修分部工程划分为____个子分部工程，____个分项工程，共____个检验批。

2. 装饰装修分部工程质量验收记录

各分项工程完成后，施工单位均进行了检查，并对验收批进行了统计，对分项工程进行了评定。监理单位进行了核查，工程质量验收结果如下：

工程名称	分部工程	子分部工程	分项工程	检验批数	评定结果
××装修工程	建筑装饰装修	钢结构	钢结构焊接	31	合格
			普通强度紧固件连接	8	合格
			钢结构制作（零部件加工）	12	合格
			钢结构涂装	24	合格
		地面	混凝土垫层	25	合格
			水泥砂浆找平层	28	合格
			隔离层	25	合格
			砖面层	18	合格
			花岗石面层	9	合格
			料石面层	4	合格
			橡胶地板面层	15	合格
		抹灰	一般抹灰	3	合格
		门窗	金属门窗安装	8	合格
			特种门安装	4	合格
			玻璃门安装	3	合格
		吊顶	暗龙骨吊顶	36	合格
		轻质隔墙	玻璃隔墙	17	合格
			骨架隔墙	1	合格

工程名称	分部工程	子分部工程	分项工程	检验批数	评定结果
××装修工程	建筑装饰装修	饰面板（砖）	饰面板安装	6	合格
			饰面砖粘贴	10	合格
		涂饰	水性涂料涂饰	18	合格
			溶剂型涂料涂饰	9	合格
		细部	窗帘盒、窗台板和暖气罩制作与安装	1	合格
			门窗套制作与安装	7	合格
			护栏和扶手制作与安装	61	合格
			花饰制作与安装	1	合格
		建筑给水排水及采暖	卫生器具安装	10	合格
		电气动力	成套配电柜、控制柜（屏、台）和动力，照明配电箱（盘）安装	5	合格
			桥架安装和桥架内电缆敷设	6	合格
			电线、电缆导管和线槽敷设	10	合格
			电线、电缆穿管和线槽敷线	10	合格
		电气照明安装	成套配电柜、控制柜（屏、台）和动力，照明配电箱（盘）安装	4	合格
			电线、电缆导管和线槽敷设	4	合格
			电线、电缆穿管和线槽敷线	5	合格
			普通灯具安装	10	合格
			开关、插座安装	10	合格
			建筑照明通电试运行	4	合格

注：根据工地实际情况填写。

以上分项工程项目质量控制主控项目合格率 100%，一般项目符合设计及规范要求。

（五）观感质量

我项目部组织了预验收，经检查存在____观感问题，现已经进行了整改，经检查，观感评定良好。

（六）装修工程质量评估

根据《建筑工程施工质量验收统一标准》GB 50300—2013 的要求，我们对××工程装修工程各分项及分部工程进行了检查：

1. 工程施工技术资料和质量控制资料真实、可靠、齐全、完整，符合要求；

2. 各分项工程合格率 100%；

3. 安全与功能检测符合要求；

4. 观感质量为：良好；

5. 评估意见：×××工程装修工程质量评定为合格。

总监理工程师：

2014 年　　月　　日

六、幕墙监理评估报告参考范本

（一）工程概况

工程名称：_____

工程地点：_____

建设单位：_____

设计单位：_____

施工单位：_____

监理单位：_____

工程概况：××××××

幕墙工程开工时间：_____竣工时间：_____

与合同对照：_____

（二）工程质量监理评估依据

1. 经审批通过的《监理规划》

2. 幕墙设计图纸、计算书和设计变更

3. 现行国家施工验收规范、设计规范、检验评定标准、技术规范、有关规定

4. 《建筑工程施工质量验收统一标准》

5. 《玻璃幕墙工程技术规范》

6. 《玻璃幕墙工程质量检验标准》

7. 《金属与石材幕墙工程技术规范》

8. 《钢结构工程施工质量验收规范》

9. 《建筑钢结构焊接技术规程》

10. 《混凝土结构后锚固技术规程》

11. 《建筑物防雷设计规范》

12. 《硅酮建筑密封胶》

13. 《建筑用硅酮结构密封胶》

14. 业主与承包商签订的合同文件

15. 省市建筑安装施工质量技术资料统一用表

（三）施工质量控制监理情况

1. 项目监理在总监理工程师的主持下，编制针对性较强的《幕墙监理实施细则》，经公司技术负责人审批后用于指导本工程的监理工作，并在监理工作中认真贯彻。明确各专业分工，落实岗位职责，督促施工单位建立健全的组织机构，检查施工单位质量保证体系的运行情况，使工程质量一直处于受控状态。

2. 组织专业监理工程师熟悉图纸、技术规程及相关技术资料，学习《建筑工程施工质量验收统一标准》，严格审批施工单位上报的幕墙工程施工组织设计及相关专项施工方案，提出具体批复意见并督促在其施工中加以贯彻实施。在监理过程中，认真学习相关法律、法规及工程建设强制性标准条文，并检查施工单位对强制性标准文件及施工合同的执行情况。

3. 严把工程材料选用关、报验关。各种工程材料、构件、设备进场后，经监理人员复核后方可使用在本工程上，对不符合设计要求或不符合合同指定品牌存在质量问题的，责令全部退场。

4. 严格实行检验批、隐蔽工程报验制度。（1）各个分项（工序）工程施工完毕后，要求施工单位在自检合格的情况下，按照质量验收标准中检验批的划分规定，填写分项工程报验申请表、隐蔽工程验收记录及分项工程检验批质量验收记录等相关资料，报请验收。各分项（工序）工程经监理人员查验合格后方可进入下道工序施工，关键部位跟踪检查、旁站监理，未发生工程质量事故。（2）主要查验选用材料的质量、幕墙的形式检测等，是否符合图纸设计要求或合同规定，以及施工过程中各工序的施工质量。经抽样验收各分项工程的各检验批主控项目符合要求，一般项目在规范允许偏差范围内。

5. 施工过程中项目监理部坚持以巡视、旁站监理为主，平行检验为辅的原则。加强和注重事前预控和事中过程控制，督促施工单位执行"三检"制度，施工过程中出现的操作不当、质量隐患等可能影响施工质量的问题，在施工过程中得到了有效的控制和整改。在工程的工序验收中未发现严重的施工质量问题，出现的质量缺陷也得到有整改，保证了工程的设计指标、安全使用功能得以实现。

（四）原材料、构配件质量的控制

本项目幕墙工程的材料、构配件是指玻璃、铝板、幕墙骨架及面板、石材幕墙、密封材料等。原材料、构配件质量控制主要包括：①材料进场前的控制，即审查批准，材料、附件供应和加工厂商资格、确认材料、附件供应和加工厂商与承包商签订的供货合同；②材料使用前的现场检验。

1. 铝合金型材

本工程使用的铝型材为×××铝业有限公司的产品，对进场的产品进行如下检查：

（1）进行壁厚、膜厚、硬度和表面质量的检验。

（2）铝合金型材壁厚，均符合设计要求。

（3）检查铝合金全材料的出厂合格证、化学成分检测报告、力学性能检测报告，均齐全符合要求。

（4）对铝型材进行现场抽样，送×××质量检测中心进行复检，对铝型材氧化膜厚度、硬度进行了检测，复检结果符合设计要求，同意使用。

2. 钢材

本工程使用的镀锌钢方管、角钢为××钢厂的产品，钢底座为××五金公司的产品。在材料进场后，在现场对不同厂家和不同型号的产品进行抽查检验，合格后同意使用。

3. 玻璃

该工程使用的玻璃为××工程玻璃有限公司生产的××型玻璃。材料进场后监理人员对其进行了如下检查：

（1）厚度、边长、外观质量、应力和边缘处理情况的检验。

（2）检验玻璃厚度，用游标卡尺测量被检玻璃每边的中点，测量结果取平均值。

（3）检验玻璃边长，在玻璃安装或组装以前，用钢卷尺沿玻璃周边测量，取最大偏差值。基本符合设计要求。

（4）玻璃外观质量的检验指标，凡是表面有划痕长度大于100mm的，要求退场。

4. 石材

工程选用石材类型为××花岗石，生产单位为××石材有限公司，材料进场前提供合格证及检测报告。材料进场后，监理人员按要求现场抽样石材，送×××工程质量监督检验测试中心对石材的内照射指数、外照射指数、弯曲强度、水饱和压缩强度、吸水率进行复检，复检结果符合设计要求，同意使用。

5. 密封材料

本工程使用硅酮结构密封胶、硅酮耐候密封胶为××有机硅化工有限公司生产。材料进场前，监理人员要求施工单位提供每批硅酮结构胶的质量保证书和产品合格证，密封材料及衬垫材料的产品合格证等。材料进场后要求施工单位对材料进行结构硅酮胶剥离试验并做相关记录，并按要求送至相关资质检测机构检测了××硅酮结构胶、××耐候性硅酮密封胶粘结性测定，其粘结性、相容性检测结果符合设计要求，同意使用。

6. 五金件、防岩棉及其他材料

本工程所使用的材料、构配件等总共分____批次进场。其中单元板块进场____批次，铝板进场____批次，玻璃板块进场____批次，石材进场____批次，已复检合格，满足设计要求；钢管进场____批次，角钢进场____批次，已复检合格，满足设计要求；铝型材进场____批次，已复检合格，满足设计要求；化学锚栓进场____批次，石材嵌缝硅酮密封胶进场____批次，双组份硅酮结构密封胶进场____批次，岩棉板进场____批次，已复检合格，满足设计要求。监理对多次进场的材料的尺寸、厚度、涂层、焊缝等外观质量进行检查验收，合格后方准其使用，施工单位提供的质量保证资料齐全。

7. 相关材料试验检测

（1）幕墙按规范要求进行了四项物理性能试验，试验结果满足设计要求。

（2）硅酮胶做了相容性试验，硅酮胶与使用的相关材料相容。

（3）化学锚栓做了现场拉拔试验，拉拔试验值满足设计要求。

（4）进行了中空玻璃露点测试，测试结果符合规范要求。

（五）质检资料控制情况

本幕墙分部工程计____个分项工程，具体如下：

（1）玻璃幕墙分项工程计____个检验批，各检验批验收合格；

（2）石材幕墙分项工程计____个检验批，各检验批验收合格；

（3）金属幕墙分项工程计____个检验批，各检验批验收合格；

（4）节能工程分项工程计____个检验批，各检验批验收合格。

（六）工程感观质量验收情况

幕墙的表面平整洁净、无污染、镀膜无破损，幕墙单位拼缝平直均匀，装饰线条竖直横平，密封胶缝深浅一致、宽窄均匀、光滑顺直，玻璃的品种、规格与色彩与设计相符，整幅幕墙玻璃色泽基本均匀，玻璃的安装方向正确，镀膜一侧朝向室内，开启窗开关灵活，关闭严密，幕墙的整体观感质量较好。

（七）工程质量评估结论

本幕墙工程已完成设计及合同规定的施工内容，符合设计和施工质量验收规范的要求，施工技术资料、质量控制资料齐全，各分部分项工程验收均合格，有关安全和使用功能的检测和抽样检验均满足设计要求。我监理单位对×××幕墙工程评定为合格，同意组织验收。

总监理工程师：

××建设管理有限公司

2014 年　月　日

七、人防监理评估报告参考范本

（一）工程概况

工程名称：＿＿＿＿＿＿＿＿＿＿＿＿＿＿＿＿＿＿＿＿＿＿＿＿＿＿＿＿＿＿＿

建设单位：＿＿＿＿＿＿＿＿＿＿＿＿＿＿＿＿＿＿＿＿＿＿＿＿＿＿＿＿＿＿＿

设计单位：＿＿＿＿＿＿＿＿＿＿＿＿＿＿＿＿＿＿＿＿＿＿＿＿＿＿＿＿＿＿＿

监理单位：＿＿＿＿＿＿＿＿＿＿＿＿＿＿＿＿＿＿＿＿＿＿＿＿＿＿＿＿＿＿＿

施工单位：＿＿＿＿＿＿＿＿＿＿＿＿＿＿＿＿＿＿＿＿＿＿＿＿＿＿＿＿＿＿＿

人防工程情况：＿＿＿＿＿＿＿＿＿＿＿＿＿＿＿＿＿＿＿＿＿＿＿＿＿＿＿＿＿

监理人员情况：＿＿＿＿＿＿＿＿＿＿＿＿＿＿＿＿＿＿＿＿＿＿＿＿＿＿＿＿＿

（二）监理依据

1. 业主提供的工程设计施工图纸

2. 国家及××省现行的建筑施工规范标准

3. ××地区现行的有关建设管理办法及规定

4. 《人民防空工程设计防火规范》

5. 《平战结合人民防空工程设计规范》

6. 《人民防空地下室设计规范》

7. 建筑工程施工合同

8. 监理合同

（三）施工现场质量管理体系、质量管理行为检查情况

施工单位现场的各项质量管理、质量责任、工程质量检验等制度基本齐全，主要专业工种实行持证上岗，施工组织设计、施工方案及审批情况等能及时进行报审，原材料控制符合要求。我监理方对施工现场质量管理体系及质量管理行为的检查依据现行规范、标准进行，施工方也能予以积极配合，从而使监理工作能够顺利开展。

（四）施工监理情况

工程开工前，总监理工程师认真审查了×××公司现场项目部的质量管理体系、技术管理体系、质量保证体系、安全文明施工措施并提出审查意见。项目监理部对工程使用的混凝土粗细骨料、水泥、钢材、各种管道、风机、电缆线等工程材料供应商都进行了认真审查，审查同意后，方允许使用该厂材料。对拟进场的材料、构配件报审表及其质量证明

资料进行审核，并对进场的实物按照相关规范规定的比例采用平行检验或见证取样方式进行抽检。对未经监理人员验收或验收不合格的工程材料、构配件，监理人员书面通知承包单位将不合格的工程材料撤出现场，从而保证工程使用原材料的质量到达设计和规范要求。项目总监合理安排监理人员对负责区域施工过程进行巡视和检查，对关键部位、关键工序，进行旁站监理。项目监理部对施工单位上报的隐蔽工程报验表和自检结果及检验批、分项、分部工程质量验评资料进行认真审核和现场检查，符合要求后，予以签证。对施工过程中出现的质量缺陷，立即要求施工单位整改，并检查整改结果。到目前为止，监理部共发出人防监理工程师通知单____份。监理部对工程施工质量控制，通过采取事前控制、事中监督、事后总结的监理方式，按照监理实施细则及工程质量检验计划的要求，严格把关。同时加强对人、机、料、法、环五要素的控制，坚持以人为本的原则，把质量隐患消灭在工程实体形成之前。另外，监理部加强对设计与施工单位之间的协调力度，图纸中存在的问题在施工开始前澄清解决。监理部制定图纸审查、审阅制度，并认真执行，以便提早发现和解决问题，保证施工图设计成品在施工运行或使用等方面，其质量特性能够符合设计文件和合同中关于对该产品的要求。

（五）工程划分

根据国家行业标准，本工程防空地下室为____个单位工程，____个防护单元。本工程建筑部分由____个分部工程组成：结构分部工程，孔口防护工程；建筑设备安装部分由____个分部工程组成：给排水分部工程，通风与空调分部工程，建筑电气安装分部工程。建筑工程和建筑设备安装工程共____个分部工程，其中结构分部工程在××年××月××日监理组已编制《质量评估报告》，本评估报告只对人防部分进行评估。

（六）分部工程质量评述

1. 孔口防护工程

本孔口防护工程内设防密门、密闭门、防爆波活门等，孔口所选用门的型号规格符合设计要求并附有合格证及质保书。门扇及门框墙表面无蜂窝、孔洞和露筋等现象，门的产品质量符合要求，门扇与门框贴合严密，门扇关闭后密闭胶条压缩量均匀，门的启闭灵活，门扇外表标有闭锁开关方向，门框对角差及门框墙垂直度、平整度都在允许偏差范围内，符合质量评定标准。综上所述，该孔口防护工程评为合格。

2. 给水、排水工程

按《人民防空地下室设计规范》和《平战结合人民防空工程设计规范》设计要求安装，管道进入地下人防区域均预埋防水套管，其安装按××省人防安装图集进行施工。给、洗消排水管均采用镀锌钢管丝扣连接，洗消排水口安装符合规范要求。地下给排水管、排水口地漏安装位置按图施工符合设计要求，无明显倒坡现象，接口连接牢固，管子接头、管卡、支架、螺栓等安装准确，管道安装完成后对给水系统进行水压试验，对排水管进行通球通水试验，试验结果全部符合有关规范要求。综上所述，本分部工程达到合格标准。

3. 通风与空调工程

按《平战结合人民防空工程设计规范》、《人民防空工程设计防火规范》设计要求安装，并按《通风与空调工程施工及验收规范》进行施工及验收。风管安装按图施工，排风管的材料及制作均符合设计要求。风管及其设备采用膨胀螺栓加圆钢固定，支架、吊架安装质量符合国标的有关规定，管道连接均符合设计要求，咬口紧密、宽度均匀，无孔洞，焊缝无烧穿，无漏焊和裂纹缺陷。调节阀、蝶阀安装准确，操作方便，防火阀启动灵活，符合设计要求。设备安装严格按厂家提供的《使用说明书》安装，通风机的型号、规格符合设计要求。通风机的地脚均设置减振器且螺栓拧紧无松动，符合设计及验收规范规定，各金属支、托、吊架及风管均作防锈处理。风管经漏光测试无漏光，符合规范要求，风管与法兰连接用3mm～4mm胶垫圈密封，风管密闭墙均预埋套管。综上所述，该分部工程评定为合格。

4. 建筑电气安装

按《人民防空工程设计防火规范》、《平战结合人民防空工程设计规范》以及国家现行有关电气设计规范进行施工。进线进入人防区域均作防密闭处理，符合规范要求，人防内接地安装及所用材料符合要求，接地电阻经测试不大于1Ω，符合设计要求，照明出入口灯具与呼唤按钮等均按设计要求安装密闭处理套管。配线装接牢固，穿线管口光滑并有护卷保护，装接规范，导线作烫锡处理，留有余量，配电箱位置安装准确、端正，箱内布线整齐，部件齐全，线路敷设完后逐一做绝缘和导通测试检查，测试结果符合要求。灯具位置安装准确牢固符合设计及施工规范要求。综上所述，本分部工程评为合格。

（七）分部工程质量评定汇总

人防工程____个分部工程质量评定要点汇总表

序号	分部工程名称	评定结果	评定说明要点
1	结构分部	合格	1. 所含分项工程符合验收标准。 2. 混凝土桩强度、标高、位置偏差值符合设计及施工规范要求
2	孔口防护工程	合格	1. 所含分项工程符合验收标准，达到质量合格标准。 2. 产品合格证、试验报告符合产品质量要求，安装牢固、严密，标高、位置符合设计要求
3	给水排水工程	合格	1. 所含分项工程符合验收标准。 2. 给水管、排水管、排水口、地漏等安装符合人防设计及验收规范要求
4	采暖、通风与空调工程	合格	1. 风管按图施工，规格、选材符合要求。收口紧密、宽度均匀，无孔洞。烧缝无裂纹、漏焊。风管无漏光。风管与法兰连接用3mm～4mm橡胶垫圈密封。 2. 防火阀启动灵活
5	建筑电气安装工程	合格	1. 防雷引下处用柱子钢筋引下，引下处与底板钢筋接地网焊接牢固。 2. 配线装接牢固，配电箱安装位置正确、端正。箱内饰线整齐

（八）人防单位工程竣工质量评估意见：

综上所述，×××人防单位工程所属5个分部工程质量全部合格，质量保证资料基本齐全，本监理项目部对该人防工程质量评为合格，请质监站予以核定。

总监理工程师：

××项目监理咨询有限公司

2014 年　月　日

八、监理工作总结参考范本

（一）工程概况
本工程是由××××××××

（二）参建单位
建设单位：＿＿＿＿＿＿＿＿＿＿＿＿＿＿＿＿＿＿＿＿＿
设计单位：＿＿＿＿＿＿＿＿＿＿＿＿＿＿＿＿＿＿＿＿＿
勘察单位：＿＿＿＿＿＿＿＿＿＿＿＿＿＿＿＿＿＿＿＿＿
监理单位：＿＿＿＿＿＿＿＿＿＿＿＿＿＿＿＿＿＿＿＿＿
施工单位：＿＿＿＿＿＿＿＿＿＿＿＿＿＿＿＿＿＿＿＿＿

（三）监理依据
1. 《工程建设标准强制性条文》
2. 《建筑工程施工质量验收统一标准》
3. 《建筑装饰装修工程施工及验收规范》
4. 《住宅装饰装修工程施工规范》
5. 《民用建筑工程室内环境污染控制规范》
6. 《建筑材料放射性核素限量》
7. 《广东省安装工程施工技术操作规程》
8. 《室内装饰装修材料内墙涂料中有害物质限量》
9. 《合成树脂乳液内墙涂料》
10. 《建筑室内用腻子》
11. 《木结构工程施工质量验收规范》
12. 《天然饰面石材试验方法　干燥、水饱和、冻融循环后压缩强度试验方法》
13. 《天然饰面石材试验方法　弯曲强度试验方法》
14. 《天然饰面石材试验方法　体积密度、真密度、真气孔率、吸水率试验方法》

（四）监理工作组织机构及过程质量控制
监理部根据委托监理合同规定的监理范围和控制目标，并结合考虑监理人员的工作经验、专业水平等条件，由总监理工程师 1 名、监理工程师＿＿＿名和监理员＿＿＿名组建了一支监理队伍进驻现场开展监理工作。

1. 监理工作制度
根据监理方案的要求，监理部在总监理工程师的主持下订立了监理例会制度、监理人员岗位责任制、文件档案管理制度，督促所有成员努力工作，为项目部尽职尽责。
（1）安排专人每天按栋号负责巡检，发现问题下发监理巡查单并要求施工单位整改。
（2）各监理工程师或监理员每天对各栋号施工现场进行巡检、专项复检和验收，关键工序、关键部位全过程旁站监理。
（3）每周＿＿＿由总监或总监代表组织召开工程例会，总结上周各施工单位工作计划完成情况，布置下周工作，协调解决工作中出现的矛盾和问题，并对突出的重点问题重点解决。

（4）每月召开____次监理部内部例会，对工程质量、安全、进度、文明施工进行总结，对各方面表现突出的栋号监理负责人给予肯定和表扬，对出现问题的栋号监理负责人，进行分析、查找原因，并督促其及时解决改正。

（5）每周和每月由总监代表或总监组织编写监理周报和月报，总结本周、本月内各栋号监理情况及现场施工状况，及时向项目部及公司汇报。

（6）专人负责编制整理监理内业资料，具体包括项目部下发的工程文件、下发给施工单位的指令文件和施工单位上报的工程文件以及监理部与各方的来往函件，并形成收发文记录备查。

（7）监理部在单位工程竣工验收后，在总监或总监代表主持下对每个标段的监理工作进行一次全面总结。

2. 项目监理部工作方法及原则

（1）监理部进入施工现场后，以总监理工程师为首的各监理工程师和监理员从工程建设项目实际出发，以贯彻、落实有关政策、严格履行《监理委托合同》、认真执行有关技术标准、规范和各项法规为原则，以建设质量高、投资合理、速度快的工程为控制目标，以"守法、诚信、公正、科学"为行业标准，以事前指导、事中检查、事后验收等为工作方法，全面地开展监理工作。同时，在工作中，各监理工程师和监理员严格行使《监理委托合同》中赋予监理人员的权利，以精干的业务知识、实事求是的敬业精神、一丝不苟的科学态度和公正廉洁的工作作风从严依法监理，在工作中不断加强监理内部组织管理，积极探索总结工作经验，使监理工作真正体现出它的科学性、公正性。

（2）在对项目部的服务方面，监理部在不超出监理合同规定的监理范围内全力满足项目部提出的要求，努力做好项目部的参谋和代理人。在对施工单位的管理方面，监理部采取以管为主、以"监、帮、促"相结合的原则开展工作，同时督促施工单位推行全面质量管理，促进工程建设管理水平不断迈向新台阶。

3. 工程质量控制

工程质量控制是本次履行监理合同的核心内容，也是监理部的主要工作目标。为此，监理部的各监理工程师和监理员在总监理工程师的带领下从影响工程质量的几个主要因素入手，运用主动控制的方法，对各栋号的施工质量采取事前、事中与事后控制，确保工程质量达到承包合同、设计文件及相关验收标准的要求。

（1）对施工单位及施工人员的控制

施工单位进场后，首先从施工单位的企业资质以及营业范围入手开始进行审查，同时重点审查其管理人员及特殊工种作业人员的上岗资质，对其上岗执业资格予以确认；对专业分包单位的施工资质及其管理人员的上岗执业资格予以确认。

（2）对原材料、构配件的质量控制

1）现场监理工程师和监理员严格对进场材料进行检验，对照材料样本，检查品牌、产地、厂家、规格大小，必须符合要求；材料报验必须具备产品合格证和检测报告，资料质量证明文件齐全。在检验过程中，发现不合格的材料立即退场更换，以确保进场材料符合质量要求。

2）工程监理过程中，监理工程师和监理员要求各施工单位进场材料必须附产品出厂合格证，并及时报监理工程师进行进场材料的外观检验和质量证明文件审查，对按要求需做二次复试的原材料及时进行见证取样，并送法定检测单位检测。外观检验及质量保证资料均符合要求的材料才能允许在工程上使用；对于外观检验和检测结果不合格的材料，要求承包单位立即清出现场，不得使用。同时在监理过程中对使用的材料采取跟踪监督，杜绝施工单位在使用材料时发生"以次充好，偷梁换柱"的现象。

3）认真审核、填写《材料设备验收单》，做好《材料设备进场验收专项台账》的记录整理。

（3）施工方法、技术措施的质量控制

在控制施工单位的施工方法和技术措施方面，采取预控措施。在施工单位准备施工工程项目前，要求施工单必须提前上报经其上级主管部门业已审批的施工组织设计或施工技术措施；并经监理工程师、总监理工程师审查批准后，方可允许施工单位依据其编制的施工组织设计或施工技术措施组织施工。对其提交的施工组织设计或施工技术措施，着重审查其是否具有针对性、可操作性和对现场施工的指导性，并根据设计文件、规范以及现场实际情况提出相应的审查意见；对其内容中存在的编制错误或与设计文件、规范相违背的地方给予指正，要求其在修改后重新报审。在监理过程中，对施工单位各项技术措施及质量保证措施的落实情况进行监督检查。

（五）施工进度控制

1. 工程进度的快慢直接关系到工程建设项目能否按期竣工和投入使用问题。监理部结合现场实际情况，对施工单位编制的施工进度计划进行提前审查，经与项目部协商并征得同意后，对施工单位不合理的工序安排提出意见，要求其合理调整，使进度计划满足实际工程需要。

2. 现场监理过程中，监理部要求施工单位每月、每周提前编报《施工进度月计划》、《施工进度周计划》及劳动力安排计划提交审核后方可实施，把存在的工程问题放在事前进行解决。同时，监理部的监理工程师和监理员也积极协助，为施工单位创造有利条件，从而确保施工工序连续有序进行，确保施工进度按计划完成。

（六）投资控制

1. 监理部按照施工合同、工程施工实际进度、工程质量对所监理的各项目进行工程款支付申请予以确认。

2. 认真审核《现场签证单》。

（七）安全文明施工环境控制

在环境控制方面，针对各栋号的工程特点及其周边环境的特点，充分考虑施工中可能发生的情况，提前书面通知施工单位做好施工前准备工作，充分考虑生产环境、劳动环境、周边环境对施工的影响，避免工作准备不充分或保证措施、防护措施不利而影响正常施工进度或施工质量等情况出现。严格按照施工现场文明规范，每月进行两次安全文明专项检查，杜绝隐患，着重检查施工现场安全用电、文明施工和材料堆放及加工并做好记录整理。

（八）合同管理

现场监理过程中，监理部受项目部委托，根据施工现场相关合同的约定对工程工期、质量进行监督、管理，监督材料、设备合同的履行，掌握合同的副本，了解合同的内容，进行合同跟踪管理，检查合同执行情况，及时准确反映合同信息。认真检查施工合同的履行情况，实现科学管理。根据监理合同的规定，在各栋号具备竣工条件时，组织施工单位进行竣工初验，同时提出验收意见，形成书面材料。

（九）内业管理

在一般建设工程中，施工单位往往只重视施工现场的外业管理工作，而忽视了工程技术资料的管理，尤其是内业资料的同步管理工作。为此，项目监理部进驻施工现场后，对工程技术资料的管理提出了严格要求。

1. 由监理人员下达给施工单位的开工、停工、返工等相关通知及报送项目部《备忘录》等文件，都是以书面形式由项目监理部签发，避免以往工程建设中的口头通知导致后期难以核实而引起的不必要纠纷，真正把工程问题落实到书面上，使得现场监理人员能够有理有据地开展监理和审查工作。

2. 现场的内业资料管理过程中，根据公司的资料管理规定，分门别类归纳整理现场资料。确保现场内业资料实现表格化，并实行文件随时发送、随时登记的制度，实现场所有文件都能做到系统管理。

3. 项目监理部进驻现场后，进行工程技术资料电脑管理，所有的监理内业资料全部及时输入电脑，上报的材料和文件全部由电脑输出，使得资料的管理趋于科学化和规范化。

（十）验收结论

1. 各分项工程验收均合格。

2. 各分部及子分部均验收合格。

3. 安全及功能项目检测均符合设计要求。

4. 消防、燃气专项工程验收合格。

5. 环境监测符合规范要求。

综合评议：本工程评定为合格。

（十一）监理工作小结

各种经验、教训、建议等等。

× × × × × ×

九、总监的监理交底目录

参加人员包括施工单位管理人员、业主代表及监理全体人员，侧重现场的针对性。

1. 第一次工地例会总监交底
2. 土方开挖及监测监理交底
3. 桩基监理交底
4. 地下室工程监理交底
5. 安全监理交底
6. 主体工程监理交底
7. 幕墙工程监理交底
8. 精装修工程监理交底
9. 重要的分项分部工程交底（开工前总监要根据工程实际情况制定监理交底）

十、第一次工地例会监理交底实例参考范本

（一）方案报审

需要施工单位分期分批报审的资料：

1. 施工组织总设计（开工前报审），附总平面布置图。

2. 钻孔灌注桩专项施工方案（包括维护桩施工方案）。

3. 安全文明施工专项方案。

4. 土方开挖施工专项方案（含降水施工方案具体措施，需要专家论证，施工单位组织）。

5. 临时用电施工专项方案（含计算书）。

6. 塔吊施工专项方案（含计算书）。

7. 脚手架施工专项方案（含计算书）。

8. 模板专项施工方案（含计算书，如有高大模板需要专家论证，施工单位组织）。

9. 施工电梯方案报审。

10. 操作平台转料平台专项方案。

11. 大体积混凝土方案报审。

12. 应急预案（组织机构电话号码齐全，各种应急预案）。

13. 质量保证方案（含组织机构及具体措施）。

14. 安全保证方案（含组织机构及具体措施）。

15. 基坑检测方案（由专门的检测机构报审）。

16. 冬雨期施工专项方案。

以上方案均由项目技术负责人组织编制，由施工总包单位总工程师审批。

（二）资质报审

1. 总包单位资质证书复印件（盖公司公章）。

2. 企业技术负责人资质证书。

3. 本项目项目经理、项目技术负责人、质量员、安全员，资料员、材料员资质证书。

4. 特种作业人员上岗证书。

5. 分包合同及分包管理人员、特种作业人员资质证书。

6. 设备报审（塔吊、拌和机、桩机、水准仪、经纬仪、全站仪、井架、焊机、自卸车、挖机等）。

（三）开工报审

1. 总开工报告报审（施工单位提交，开工日期由业主、监理审定）。

2. 涉及多个分部工程分别开工应分开报审。

（四）图纸会审、设计交底、设计变更程序

1. 图纸会审及设计交底由业主单位组织，施工单位整理会议纪要。

2. 图纸中的问题由施工单位发送联系单给监理，由监理转交给业主至设计单位。

3. 设计变更由业主转监理下发至施工单位。

（五）材料报审

1. 进场材料进场必须通知监理单位现场检查，该点为停止点。

2. 按规范要求抽样送检（监理见证30%）。

3. 按规范要求报审，附质量保证文件：产品出厂合格证、材质化验单、厂家质量检验报告、厂家质量保证书、自检结果文件（包括要复检复试的合格报告等）。

4. 商品混凝土需提交三方交验单（附质量保证资料）。

（六）工序及隐蔽工程验收

质量控制点包括：

1. 标准轴线桩、定位轴线、标高等。

2. 基槽尺寸、标高，垫层标高，预留洞口等。

3. 模板位置、尺寸、标高、预留洞口、模板强度稳定性等。

4. 水泥品种、强度、混凝土配比、钢筋品种规格、现场钢筋验收等。

5. 砌体轴线、标高、尺寸、砂浆配比、洞口等。

控制点必须经过监理的检查，列为见证点。验收程序为班组检查—质量员检查—监理验收，实行三检制。

（七）投资控制

1. 现场涉及变更单及索赔费用时，必须持有原始凭证图片，必须由业主、监理现场见证复核下计量（并有时限控制）。价格由业主审定。

2. 每月需要报验已完成工程量月报。

（八）工程进度

1. 报审总的施工组织设计（要求用网络图，时间开工前）。

2. 每月25日报月进度计划（可用横道图，附各工种人员量）。

3. 每周二例会时报下周计划（并附未完成上周进度的分析及赶工计划）。

4. 工期索赔必须附原始凭证并经现场监理工程师及业主代表签字。

（九）安全文明施工管理

1. 每周报施工项目部安全检查周报。

2. 每月报安全检查月报。

3. 每月由总监组织一次由业主、监理、施工单位参加的工地安全大检查。

4. 文明施工要求现场按照××标化工地的标准去实施。

（十）质量、安全、文明标化工地标准

1. 质量：_____

2. 标化工地：_____

3. 无伤亡事故。

（十一）资料管理

1. 采用甬统表，施工单位资料一律采用C类表格。

2. 必须是本人签字。

3. 按甬统表归档要求整理归档。

4. 资料必须按合同的要求时限报验。

5. 施工单位必须对班组进行层层交底，监理不定期的进行检查。

（十二）例会

1. 每周五下午 2 点监理例会。

2. 监理及施工单位均采用 PPT 图片的形式汇报，并整改形成闭合。

3. 例会参加人员：建设单位代表，各标段的监理工程师、资料员、监理员，施工单位项目经理、项目技术负责人、资料员、安全员、质量员。

4. 遇到节假日另行通知。

（十三）桩基工程的质量控制点

1. 必须经过监理现场见证的验收点：钢筋笼验收、焊缝、泥浆比重测量、沉渣厚度、孔深、入岩测量，岩样对比，坍落度。资料签字。

2. 混凝土浇捣坍落度控制、钢筋笼上浮控制。

（十四）旁站项目

1. 涉及旁站项目，施工单位必须通知监理进行现场旁站。

2. 本工程涉及旁站的工序：土方回填、混凝土浇捣、卷材防水层的细部构造、钢结构安装、梁柱节点的隐蔽过程、预应力张拉等。

3. 旁站项目现场质量员必须到位。

（十五）混凝土浇筑申报及拆模报审

1. 混凝土浇捣实行浇捣令制度（由施工单位质量员及土建和安装监理工程师签字）。

2. 拆模必须有拆模报审（附混凝土强度的依据资料并经监理工程师现场检查）。

（十六）其他

1. 现场必须设置养护室。

2. 一些重要的材料必须经过监理和业主的同意。

3. 总包单位必须对分包单位进行管理。

4. 必须落实三检制，质量员必须到岗检查。

5. 专职安全员必须每天进行检查。

6. 监理工程师通知单必须及时整改回复。

7. 证书及质保单要有项目部章及标有原件存放地。

×××项目监理部

总监理工程师：

××××年××月××日

十一、监理通知单实例

监理工程师通知单

工程名称：××××　　　　　　　　　　　　　　　　　　编号：0052

致：××××公司

事由：

　　安全、文明复查情况

内容：

1. 二级平台支撑梁上堆物较严重，尽量吊运至基坑底板去，且必须保证二级平台行走畅通。

2. 局部基坑周边安全维护高度不符合要求，且安全网存在破损及遗漏。

3. 现场堆料区较为杂乱、部分主材未分规格、分成品、半成品堆放。

4. 砂、石堆放区未做扬尘防护。

5. 生活区排水系统不畅通。

6. 生活区晾衣未进行统一管理。

以上事项请施工单位在 6 月 3 日前整改完毕，并报我项目部复查。

项目监理机构（章）：＿＿＿＿＿＿＿＿

总/专业监理工程师：＿＿＿＿＿＿＿＿

日期：2013 年 05 月 31 日

十二、监理联系单实例

甬统表 B01-9

监理工作联系单

工程名称：××××

编号：

致：<u>××××公司</u>
<u>××××公司</u>
<u>××××公司</u>
事由：接甲方通知关于本月 15 日、17 日工地临时停电的通知
内容：
根据甲方接慈溪市供电局的通知 8 月 15 日 6：30 - 12：00 仙潭线 38 号杆分支因安装变压器要临时停电；8 月 17 日 7：00 - 17：30 仙潭线配合高压线 110kV 慈宗线放线要临时停电。
望各单位做好停电的工作安排！
项目监理机构：
负责人：
年　月　日

十三、监理周检参考范本

监理项目部周检实施情况表

工程名称： 检查日期： 年 月 日

工程名称		形象进度	
施工企业			
监理企业			
检查项目		发现问题	
深基坑工程、高大模板工程安全情况			
脚手架（支模系统）安全施工情况			
起重机械安全使用情况			
安全防护用品使用情况			
临时用电			
临边围护			
其他检查内容			
整改要求			
项目经理签署意见： 年 月 日	项目总监签署意见： 年 月 日	建设单位签署意见： 年 月 日	

十四、监理周报格式

××建设管理有限公司××项目部监理工作周报

(第××期)

2013 年____月___日(周一)—____月___日(周日)

本周天气记录:晴 3 天,雨 1 天,阴 3 天						
周一	周二	周三	周四	周五	周六	周日
阴	晴	雨	阴	晴	晴	阴
一周主要生产、工作记事						
周一 (××月××日)	1. 现场积水较多,采取相应的排水措施; 2. 建设单位与管委会协商土方外运道路事宜。					
周二 (××月××日)	1. 主体完整蓝图已到,并报送人防、建设局办理相关手续; 2. 审核施工单位工程试验检测单位报审、三轴水泥搅拌桩、锚杆等检测单位报审、基坑监测单位报审; 3. 熟悉图纸,探讨本工程施工质量控制要点。					
周三 (××月××日)	1. 见证混凝土试块送检,共计 7 组; 2. 清理施工道路淤泥; 3. 整理监理资料; 4. 晚验收进场水泥 53.84t。					
周四 (××月××日)	1. 见证混凝土试块送检,共计 5 组; 2. 晚验收进场水泥 16.14t。					
周五 (××月××日)	1. 见证 P.O42.5R 水泥送检; 2. E 区段三轴水泥搅拌桩开始施工,已完成 21 副,42 根; 3. 审批混凝土试块试验结果; 4. 晚验收进场水泥 109.68t。					
周六 (××月××日)	1. E 区段三轴水泥搅拌桩,已完成 51 副,102 根; 2. 西面道路砌筑大门; 3. 审签施工单位资料; 4. 运土道路场地平整。					
周日 (××月××日)	1. 西面道路砌筑大门; 2. E 区三轴水泥搅拌桩,因影响东面相邻工地基坑支护出现裂缝,暂停施工。					

本周监理主要工作
1. 现场控制水泥搅拌桩施工质量，并做好旁站及旁站监理记录； 2. 严格控制水泥进场质量验收，并要求施工单位及时送检； 3. 见证钻孔桩混凝土试块送检； 4. 整理监理资料； 5. 审签施工单位施工过程形成的技术资料。

本周进度情况
1. E区三轴水泥搅拌桩累计完成 144 根； 2. 土方外运道路场地平整完成 30%； 3. 施工相关手续建设单位正在办理； 4. 施工图纸建设单位已报相关单位审核。

本周存在的主要问题
1. 2. 3. 4.

需要施工单位整改回复的文件
1. 2.

其他事项：

×××建设管理有限公司

×××项目监理部

2013 年＿＿月＿＿日

十五、现场监理巡视检查单

工程名称：   编号：

日期及天气：		工程地点：
巡视监理的部位或工序：		
巡视监理开始时间：		巡视监理结束时间：
施工情况：		
发现问题：（照片）		
处理意见：		
施工企业： 项目经理： 质检员（签字）： 年 月 日		监理企业： 项目监理机构： 巡视监理人员： 年 月 日
本表一式三份，建设单位、监理单位、承包单位各一份		

十六、监理日记实例

监理日记

单位工程名称	×××住宅小区	施工单位	×××建工集团	现场负责人	×××
天气	多云	最高气温	25℃	最低气温	16℃

监理工作情况：

1. 工程进展情况

  1 号楼：二层梁板模板支设。

  2 号楼：三层剪力墙钢筋绑扎。

  3 号楼：二层结构梁板模板拆除；七层楼面放线。

  4 号楼：二层结构架板钢筋验收及结构混凝土浇捣。

  5 号楼：二层楼板钢筋绑扎。

  6 号楼：六层剪力墙封模。

  商铺 7 号楼：结构二层墙体砌筑。

  商铺 8 号楼：二层框架柱封模。

2. 进场材料

  今日上午钢材进场 32t（φ20，两个批号），下午已进行见证取样送检，详见见证取样登记台账。

3. 监理情况

  （1）巡视检查：1 号楼梁板模板支设基本符合要求，监理提出的相关模板内清理要求施工单位能及时整改到位；2 号楼剪力墙钢筋检查发现 21 轴交 B 轴、17 轴交 A 轴等共六处 11 根暗柱钢筋电渣压力焊焊包不合格，责成质量员×××进行整改，并发出监理通知单 018 号，要求加强工序质量自检工作，整改后报监理复查；3 号楼模板拆除混凝土强度符合要求，检查有安全管理人员值守，安全措施基本到位；4 号楼钢筋通过验收，同意进行混凝土浇筑，详见旁站记录；5 号楼楼板钢筋绑扎符合要求；6 号楼剪力墙、商铺 8 号楼框架柱模板封模检查情况良好，联系单 040 号相关要求基本得到落实；7 号楼墙体砌筑检查，外墙竖向灰缝饱满度较差，施工单位应监理要求进行了相关整改，针对该情况，发出监理工作联系单 041 号，要求施工单位做好相关墙体砌筑技术交底的落实。

  （2）旁站监理：4 号楼二层结构混凝土浇捣开始时间 15：20，详见旁站监理记录。

4. 收到业主单位转发的设计变更一份，编号：变更（三），主题为顶层门窗尺寸变更。

5. 业主单位×××要求明天监理报送相关门窗分包单位考察时间表。

6. 下午收到施工单位报送的屋面防水工程施工方案，收到并审批 6 号楼二层结构模板拆除报验混凝土强度报告符合拆模要求。

7. 全天综合评述：总体工程质量处于受控状态，施工运转基本正常，全天施工安全无事故。

填表人：　　　总监理工程师（签章）：　　　　×××（总监代表）

　　　×××

　　　　×××××年××月××日　　　　　×××××年××月××日

监理日志（主体施工阶段）

日期：××××年××月××日

天气：晴

星期：×

气温：17℃～23℃

施工单位	×××建筑有限公司		
监理工作情况	上午对18号楼二层平面的钢筋绑扎进行了巡查，发现质检员×××不在现场，梁的钢筋存在部分偏轴现象，6轴处附加筋下料短，局部Ⅰ级筋没有弯钩，双向板扎丝没有扎全，已垫完保护层的梁的侧向保护层不到位，局部吊筋偏上，失去配筋的真正作用。向施工单位发出施工单位整改通知单一份，项目经理×××签收。 　　施工单位下午3：00申请钢筋验收，并报上资料（附件齐全），资料显示质检员×××检查合格，项目经理也签了字，根据报验单对该分项工程进行了核验，仍发现侧向保护层局部没有到位，发现8轴一处明显高出，经用水准仪检查后发现，底模高出2cm多，立即对工序报验签署不合格意见，要求整改后再报验，质检员×××立即通知木工工长×××组织人员进行整改。		
形象进度	自本日开始的施工内容： 二层平面钢筋绑扎	本日正在施工的内容： 二层平面钢筋绑扎	至本日结束的施工内容： 二层平面模板制安
施工机械	机械运转正常。		
施工人员	经查核特殊工种人员能够持证上岗。		
材料/设备	进场红砖5万砖，没有准用证责令全部清退，立即退场。		
监理人员	×××		
专业监理工程师	×××	总监理工程师	×××

十七、监理月报实例

1. 本月工程概况
2. 工程形象进度完成情况
3. 工程质量情况
4. 工程签证情况
5. 合同其他事项处理情况
6. 本月监理工作小结
7. 下月监理工作打算

甬统表 B01-5-1

工程名称	××××××××	建设单位	××××××××
设计单位	××××××××	施工单位	××××××××
本月 工程 概况	1. 至 25 日共完成钻孔灌注桩 559 根，其中塔吊桩 7 根。完成量占桩基总量的 98.5%，5 号楼及北区块已全部完成，钻孔桩余 25 根，支护桩余 22 根。 2. 机械进场情况：至 4 月 25 日，10 型桩机 8 台，用于工程桩桩机 8 台，支护桩桩机 2 台；塔吊 3 台，凿桩空压气泵 8 台，钢筋切割机 1 台，钢筋切断机 1 台，钢筋弯曲机 1 台，钢筋打丝机 1 台，350 型搅拌机 3 台。 3. 人员情况：项目经理到岗 1 人、安全员 2 人、质量员 2 人；泥工 60 人，钢筋工 40 人，木工 30 人，凿桩 12 人，土建施工员 16 人，施工现场总负责 1 人，打桩人员为 39 人，打桩施工员 2 人，测量放线 2 人，电焊工 5 人。 4. 本月雨 7.5 天，阴 3.5 天，晴 19 天。		
本月 工程 形象 进度 完成 情况	1. 至 25 日共完成钻孔灌注桩 559 根，其中塔吊桩 7 根。完成量占桩基总量的 98.5%，5 号楼及北区块已全部完成，钻孔桩余 25 根，支护桩余 22 根。 2. 水泥搅拌桩至 25 日共完成 4998 根，占总桩数的 100%，支护桩完成 136 根，占总桩数的 87.1%。 3. 6 号楼 23-27/X-T 轴钢筋绑扎及小应变试验完成、4 号楼土方开挖完成，目前修土施工，7 号楼 V-T/6-15 轴土方开挖完成，目前砌筑砖胎膜，北区块静荷载试验完成，3-64 于 4 月 23 日开始做静压试验。		

工程质量情况	1. 对进场的原材料进行验收，土建施工用钢筋本月进场 6 次，累计进场 ϕ8 31.7 吨，ϕ10 1.5 吨，ϕ14 33.6 吨，ϕ16 38 吨，ϕ20 24.9 吨，ϕ22 58.6 吨，ϕ25 53.4 吨，总计 241.7 吨。桩基施工用钢筋本月进场 9 次，累计进场 ϕ6.5 28 吨，ϕ14 265 吨，ϕ16 125 吨，ϕ18 31 吨，共计 449 吨。 2. 钢筋笼焊接接头锚固长度不足，且有烧伤现象，钢筋笼焊接个别不牢固，钢筋笼保护垫块漏放等现象。 3. 6 号楼基础底板个别接头连接区安装超出 50%，柱子钢筋底部锚固长度不足。 4. 6 号楼后浇带卷材搭接及粘贴不牢固，要求现场整改。 5. 7 号楼及 6 号楼各出现 2 根烂桩，桩号：6～104、6～142、7～45、7～24，对烂桩要求施工单位出具整改方案，目前在方案整理中。 6. ϕ8 箍筋直径不符合规范要求，现场量测为 7.2～7.3 之间，19 日下发 007 号监理工程师通知单要求施工单位退场，现已退场。 7. 钢筋焊接送样 103 组，钢筋原材料见证试验 4 次，报告 4 份，全部合格。
工程签证情况	1. 工程洽商记录 01、02 各一份，机械台班签证 1 份施工单位拒绝签收，已将该联系单提交业主处理。 2. 4 月 5 日签收建设单位工程联系单 201004.01；4 月 16 日签收建设单位工程联系单 201004.14；4 月 23 日签认施工单位工程联系单 No.17～No.20 四份，已送交业主。
合同其他事项处理情况	1. 静荷载试验用黄沙本月累计进场 270.3 吨，静荷载试验共计使用黄沙 1200.02 吨。塔吊现场共计安装 3 台，目前正在备案。 2. 对施工方上报的钢筋原材料报审查签署 4 份，4 月月进度计划审查签署 1 份。 3. 审批塔吊应急方案 1 份，群塔防撞措施方案 1 份，临时用电方案报审表 1 份，总平面图补充图纸报验申请表 1 份，后浇带专项施工方案 1 份，大体积混凝土专项施工方案 1 份，塔式起重机委托检验报告 1 份，塔式起重机安装拆卸专项施工方案 1 份，塔式起重机应急专项施工方案 1 份。

本月监理工作小结	1. 本月对安全文明施工的控制：要求施工单位按审批合格的专项方案对现场临时用电、钢筋操作棚搭设、场地道路整改，经检查后整改情况良好。 2. 对机械设备进场检查：现场共计 10 型桩机 12 台，支护桩机 2 台，其中一台未施工；水泥搅拌桩桩机因工程量已全部完成，4 月 13 日全部退场，静荷载试验设备进场 2 套已报审。 3. 对原材料钢材见证取样送检 19 次，复试合格。对水泥搅拌桩的水泥进行见证取样送检（复试报告未出），由施工单位对其承诺后，同意使用。对商品混凝土监抽 532 组试块，试验报告 171 份；钢筋机械连接试验 1 次，试验报告未出；防水卷材见证送样 1 次，报告未出。 4. 对现场钢筋笼的制作、安装、焊接接头、锚固长度及搭接进行检查，查出的问题在事前进行了控制，都进行了整改。 5. 对钻孔桩的检查：嵌岩深度、岩样进行对比，桩标高、钻头直径进行检查，符合设计要求。 6. 静载试验：7 号楼及 5 号楼于 4 月 15 日完成检测，累计完成 9 根抗压桩，3 根抗拔桩试验，结果符合规范与设计要求，报告还未出，4 月 23 日开始对 3~64 做静压试验。 7. 针对 6 号楼作了如下检查： ①标高及轴线部分：4 月 12 日、4 月 23 日对 21~27/6A~6F 轴线尺寸、标高复核，轴线最大偏差 5mm，标高最大偏差 ±2cm。 ②4 月 17 日下午对 13~27/S3~BJ 桩偏位测量：6~16 西偏 10cm、6~35 南偏 18cm、西偏 15cm、6~47 南偏 15cm、6~46 西偏 12cm、6~16 西偏 12cm、6~35 北偏 15cm、6~14 东偏 10cm、6~38 南偏 10cm、6~83 西偏 10cm、6~40 东偏 10cm、6~86 北偏 10cm、6~39 东南各偏 10cm、6~37 南偏 15cm、6~88 南偏 12cm、6~154 北偏 15cm、6~155 西偏 40cm、南偏 15cm、6~166 西偏 43cm、6~250 西偏 20cm、6~240 西偏 10cm、6~239 西偏 15cm，以上桩偏位于 4 月 18 日上报业主请设计出具处理方案，其他桩偏位在规范范围内。 ③对 6 号楼底板、承台、地梁钢筋检查：钢筋未满扎，已严格要求施工单位重新补扎，结果很好，执行拖拖拉拉；桩顶钢筋未按设计要求锚入承台，已要求施工单位现场整改，目前整改中。 ④4 月 12 日 6 号楼 6~104ϕ1000 烂桩深度 3.5m，6~142ϕ500 烂桩深度 0.5m，施工单位采用的修补方法为：凿出烂桩部分混凝土并清理干净后，钢筋错开 50cm 焊接，放入水泥护筒，再用 C40 混凝土振捣密实。 ⑤后浇带处采用绿城标准节点做法，对使用的 4mm 雨虹牌 SBS 卷材现场见证抽样报告未出，出厂合格证及检验报告齐全并已报审；4 月 19 日检查发现 6 号楼后浇带卷材搭接及粘贴不牢固，要求现场整改，与业主复查后符合要求。 ⑥4 月 19 日对现场使用的箍筋检查，ϕ8 箍筋直径不符合规范要求，现场量测为 7.2~7.3 之间，下发 007 号监理工程师通知单要求施工单位退场，并于 4 月 23 日现场监督下已全部退场。 ⑦4 月 25 日检查：钢筋机械连接个别超长设计要求 50%，要求施工方现场整改；柱子钢筋锚固长度未满足规范要求，现场测量为 12cm。 8. 土方开挖：本月累计出土 3114 车，出土不能满足业主进度要求，已要求施工单位采取赶工措施。 9. 施工进度严重滞后，原因是：出土速度太慢，各班组施工人员不足，组织管理协作不力，工序安排不紧凑。 10. 本月召开工地例会 4 次，会议纪要 4 份，4 月 20 日对地下室 ±0.000 交底会议 1 次，会议纪要 1 份。项目部例会 1 次，会议纪要 1 份。监理内部交底 2 次，会议纪要 1 份。

下月监理工作打算	1. 做好对现场原材料检查及见证抽样送检工作，做好原材料及送样试件台账，重点是钢筋质量控制，特别对外加工钢筋严格检查其直径，杜绝一切不合格材料使用。 2. 严格执行业主单位对混凝土旁站工作要求，做好二次振捣旁站，把混凝土坍落度控制在 3cm～5cm 进行二次振捣。 3. 对余下钻孔桩加大工作力度，严格检查嵌岩深度、沉渣及孔深测量工作。对钢筋笼的制作、钢筋笼的长度放入情况进行监督，发现问题严肃处理。 4. 按施工单位的进度计划安排具体的监理工作，确保完成月进度计划。 5. 对现场安全文明施工每周进行检查，保持场地的整洁，对安全隐患部位加大整改执行力度，确保不发生安全事故，重点是：临时用电、桩机的外运过程、塔吊、施工机具、现场围护栏杆、西面及北面大门口车辆进出。 6. 做好土方开挖、回填、垫层等监理工作，控制好轴线、标高，做好桩偏位测量工作。 7. 做好基础防水部位的旁站监理工作，重点是：SBS 卷材原材料检查、工艺要求、细部构造处理；垫层上部防水砂浆：配比及外加剂的掺入量、表面平整度；止水钢板的厚度、放置位置、焊接接头。 8. 钢筋制作及安装检查，重点是：做好钢筋型号及数量、钢筋搭接及锚固、几何尺寸轴线及标高、钢筋加密区、人防部位梁及板钢筋的交接处、钢筋保护层等检查监理工作。 9. 模板分项：砖胎膜部分，重点是：砖胎膜的几何尺寸、按轴线拉通线砌筑施工、砖胎膜的护角、砌体的垂直度及砌筑时接槎部位；木模板部分，重点是：拉杆的止水环焊接饱满度、模板的几何尺寸轴线及标高、承重支架搭设、柱子底部是否按节点工艺要求施工、模板拆除时的条件是否满足规范要求。 10. 混凝土施工部分，重点是：旁站监理，控制二次振捣时坍落度测量工作、混凝土试块见证抽样、后浇带及剪力墙部位混凝土振捣、雨天施工时的防护等监理工作。 11. 做好基坑围护，喷锚监理旁站工作，重点是：锚杆的间距及打入深度、喷锚厚度及配比、钢筋网片的绑扎均匀度、基坑监测工作。 12. 做好支模架方案、脚手架方案审批工作。

每月 5 日前由监理单位形成上月的监理月报。监理月报除监理单位自留外，应报送建设单位、施工单位、当地政府质量监督部门各一份，抄报当地政府质量监督部门的监理月报可以是只涉及工程质量情况的部分。

十八、监理旁站记录实例

旁站监理记录表

工程名称：＿＿＿＿＿＿＿＿＿＿＿＿＿＿＿　　　编号：B11 -＿＿＿＿＿＿＿＿＿

日期及气候：	工程地点：
旁站监理的部位或工序：	
旁站监理开始时间：	旁站监理结束时间：
施工情况： 例1： 　1. 混凝土采用商品混凝土，设计坍落度＿＿＿ mm；2. 柱采用 C35 混凝土约＿＿＿／㎡；3. **现场各项施工准备工作已完成，具备连续浇筑条件。** 例2： 　1. 混凝土设计配合比；2. 混凝土设计强度；3. 混凝土其他特殊要求。	
监理情况： 例1： 　1. 商品混凝土具备出厂合格证明；2. 钢筋隐蔽验收已通过，模板及支撑验收已通过；3. **浇筑过程中振捣符合规范，抽查标高符合要求；**4. 抽查坍落度均符合要求，抽查平整度符合要求。 例2： 　1. 混凝土原材料材质检查；2. 混凝土原材料称量抽查；3. 混凝土坍落度抽查；4. 混凝土取样见证；5. 模板变形；6. 稳定性检查；7. 钢筋挠度检查；8. 混凝土摊铺观察；9. 混凝土振捣观察；10. 混凝土接头缝观察；11. 防雨、防冻、防晒检查；12. 其他检查。	
发现问题： 根据现场实际情况编写	
处理意见： 根据现场实际情况编写	
备注： 根据现场实际情况编写	
承包单位：＿＿＿＿＿＿＿＿＿＿ 项目经理部：＿＿＿＿＿＿＿＿＿ 质检员（签字）：＿＿＿＿＿＿＿＿ 　　　　　　　　　　年 月 日	监理单位：＿＿＿＿＿＿＿＿＿＿ 项目监理机构：＿＿＿＿＿＿＿＿ 旁站监理人员（签字）：＿＿＿＿＿ 　　　　　　　　　　年 月 日

十九、监理会议纪要实例

××××监理例会会议纪要

【会议时间】：2010 年 6 月 1 日下午 14：00
【会议地点】：×××× 2 号地块工地办公室
【会议主题】：周监理例会
与会单位及人员：（详见签到表）
建设单位：××××公司　××××、××××、××××、××
监理单位：××××公司　××、××、××、××××、××等
施工单位：××××公司　×××、××××、××、×××等

主持人：李燕　　　　　　　　　　　　　　记录整理：许竹

正文：
施工单位对上周工作汇报及下周工作计划：

一、工程完成情况

1.1　上周工程完成情况

1.1.1　围护施工

压顶梁：除土方外运临时道路处压顶梁外，已全部完成，占总工程量的 98%。

喷锚支护：上周完成 2 号地块 B 区南侧 7－15 轴喷锚工作。

1.1.2　桩基检测

小应变检测：完成 4 号、6 号、7 号楼检测，检测结果已上报监理及甲方。

1.1.3　出土

5 月 25 日出土 49 车、5 月 26 日出土 206 车、5 月 27 日出土 125 车、5 月 28 日未出土，5 月 29 日出土 109 车，5 月 30 日出土 167 车，5 月 31 日出土 144 车，本周累计出土 800 车，出土方量约为 14400 方。共计出土 9069 车，土方量为 163242 方。

1.1.4　砖胎膜、底板垫层

砖胎膜：上周完成 1 号楼区块 20－24 轴砖胎膜。完成 5 号楼区块 Q－N 轴。

1.1.5　钢筋绑扎

上周完成 6 号楼西区地下室顶板钢筋绑扎，6 号楼南侧 16－21 轴交 T－P 轴地下室底板钢筋绑扎，及 6 号楼南侧 21－27 轴交 T－P 轴地下室顶板钢筋绑扎。

1.1.6　模板工程

上周完 7 号楼东区地下室顶板铺设，4 号楼地下室顶板铺设，及 6 号楼西区地下室顶板铺设。

1.1.7　混凝土浇筑

上周完成 6 号楼东区地下室顶板混凝土浇筑。

1.1.8　水电安装

上周完成 7 号楼地下室顶板电气配管工作，4 号楼地下室顶板电气配管工作，及 6 号楼与 4 号楼之间人防地下室顶板电气配管工作。

1.2　上周材料人员设备进场情况。

1.2.1 材料进场情况

钢筋规格	上周进场时间	进场数量	累计数量（t）
一级钢			
6.5			83.39
8			16.3
二级钢			
12			50
14			460.33
16			131
18			93
20			13.238
22			56.33
25			23.623
三级钢			
6	10年5月25~6月1日		5.978
8	10年5月25~6月1日	71.503	194.442
10	10年5月25~6月1日	62.088	165.771
12	10年5月25~6月1日	107.82	354.784
14	10年5月25~6月1日	14.376	308.364
16	10年5月25~6月1日		306.414
18	10年5月25~6月1日	10.08	30.24
28			5.216
20			203.126
22			185.254
25	10年5月25~6月1日	100.154	432.664
水泥规格	进场时间	进场数量	累计数量
32.5			3266t
混凝土	上周进场数量（m³）	累计（m³）	备注
C15	304	1760	
C20	32	35	
C25		1179.26	
C30	36	32543.52	
C30，P8		16	
C35，P8	1295	3940	
C40	368	368	
C40，P8	228	228	

1.2.2　机械设备进出场情况

进场设备型号	上周进场时间	进场数量	累计	备注
喷锚设备			1 台	
锚杆设备			3 台	
塔吊			5 台	
JZ350C			4 台	搅拌机
315 型电焊机			4 台	
500 型电焊机			2 台	
管道套丝机			3 台	

1.2.3　人员进场情况

土建施工人员	电焊工	15 人
	喷锚施工人员	12 人
	泥工	100 人
	木工	150 人
	钢筋工	120 人
	修土工	40 人
水电施工人员	电焊工	4 人
	管道工	2 人
	临时电工	3 人
	水电工	18 人
管理人员	喷锚围护管理人员	2 人
	正品管理人员	34 人

1.3　安全文明情况

1. 安全：

（1）对新进场的工人都进行了三级安全教育，并形成了记录。

（2）基坑周边钢管围护紧随压顶梁施工后完成，并定时派人进行维护，确保施工安全。

（3）每台塔吊配备专职信号指挥，确保材料安全吊装。

（4）夜间施工派安全员值班，发现隐患立即整改。

（5）定期对塔吊垂直度进行观测，确保塔吊安全使用，发现安全隐患立即整改。

（6）对承重支模架进行检查，大截面梁底部位均采用 12 号槽钢加固，并加设顶杆，避免梁底下垂现象发生。

2. 文明：

（1）现场施工道路、生活区、办公区每天由专人负责清洁。

（2）进出口大门处由专人负责清洗车辆，打扫大门口卫生，每天派多人清扫工地周边，确保符合市容形象。

（3）在工地周边市区道路口设置警示牌，提醒过往车辆注意安全。

（4）加强了食堂一次性碗筷使用管理，减少了环境污染及资源的浪费。

1.4 质量情况

（1）钢筋绑扎及保护层控制良好，但还有个别保护层控制不到位现象，经监理、甲方验收并整改完毕后，再通知质检站、人防办验收合格，最后浇捣混凝土。

（2）基础垫层标高控制良好，并与监理进行了复合。

（3）土钉墙喷锚施工按照监理要求严格按照图纸施工，及时完成围护工作。

（4）桩偏位的现象已上报监理及甲方，并与监理进行了复合。

1.5 上周资料完成情况

1. 钢筋原材料均已分批次见证取样送检。

2. 各区块单面焊套筒及电渣压力焊均已送样且合格。

二、本周工作计划

单 体	计划完成工程量	备 注
土方工程	原计划大面积出土全部完成	考虑高考期间工期将相应滞后
凿桩	5号楼完成100%，2号楼完成100%，3号楼完成25%	6月1日～6月7日
砖胎膜及垫层	2号楼完成100%，5号楼完成100%	6月1日～6月7日
支模	6号楼南侧16～21轴人防地下室顶板支模	6月1日～6月7日
混凝土浇筑	7号楼地下室顶板混凝土完成100%，6号楼、4号楼之间人防地下室顶板混凝土浇捣，4号楼地下室顶板混凝土浇捣，6号楼南侧16～21轴人防地下底板混凝土浇捣	6月1日～6月7日
水电安装	随土建施工	6月1日～6月7日
劳动力投入计划	泥工100人，喷锚围护14人。钢筋工120人，修土工40人、木工160人	

三、协调解决事宜

全国高考将在6月7日开始，根据有关部门发文，6月1日至6月13日必须停止夜间施工，将会影响施工进度。

监理单位对上周工作汇报及下一步工作要求：

现场安全文明情况：

1. 在塔吊吊运范围内的施工通道应搭设双层防护。

2. 对西大门门口清洁卫生及时清理。

质量情况：

1. 7 号楼个别剪力墙拉钩缺少，部分电渣压力焊偏位未进行返工处理，目前处于整改中。

2. 6 号楼西侧顶板浇筑时，收面情况较差，卫生间拆模过早，泛边处缺棱掉角。

3. 木工 4 号楼部分剪力墙及拉脚未按节点要求放置防漏浆板条。

4. 3 号区块承重支模架搭设不符合方案要求，已要求施工方按要求搭设，目前整改中。

5. 7 号楼人防门安装时对钢筋有损伤现象。

上周检查情况：

1. 对 6 号楼模板检查验收，对模板施工严格要求施工单位按节点施工，混凝土成型情况较好。

2. 对 2～180 号烂桩浇捣时发现混凝土强度等级不符合要求，对该桩进行了返工处理。

3. 对 6 号楼高支模架及部分承重支模架螺栓用力矩扳手检查，部分螺栓力矩未达到规范要求，仅为 20N·m～30N·m，要求施工方现场加固，执行结果较好。

4. 7 号楼木工班组采用鼓风机清理垃圾，其他班组应考虑按该方法。

其他相关问题：

1. 对烂桩桩号本周内完成清单上报工作。

2. 对出现桩偏位的桩号，施工单位要及时上报，并全部做小应变。

3. 对 JX 防水砂浆要按设计要求规范施工，保证厚度、平整度。

4. 进度与上周对比，凿桩滞后、砖胎膜滞后、混凝土浇筑滞后。

5. 6 月份进度计划尽快上报。

6. 验收要遵守相关验收程序，验收时相关班组长、质量员、安全员必须一同参加。

7. 1 号、2 号、3 号楼区块塔吊未备案，尽快备案。对塔吊要做好沉降观测及水平位移观测。

8. 对西大门基坑围护要进行实时观测，注意对基坑的支护。

9. 注意 6 月 1 日至 6 月 13 日的夜间施工。

业主对上周工作总结及要求：

现场安全文明情况：

1. 南区 3 号楼以南临边围护加紧跟进。

2. 南区钢筋场地需要整理，并搭设钢筋制作棚。

3. 接往安装班组制作棚的线经过马路时，必须用套管套好或从马路下穿过。

4. 对西大门的基坑围护位移现象要引起高度重视，每天做好标高的观测和水平位移的观测，观测数据要及时上报。对于已产生的裂缝必须进行灌浆处理，并采用相对应的应急方案进行控制。

质量控制：

1. 1 号楼掺 JX 硅质防水砂浆未按要求达到 2cm 厚，要求抓紧整改，不要影响下道工序进场的时间。

2. 承台内的积水及泥浆比较多，要求及时处理，为钢筋工进场提供工作面。

3. 混凝土收面要做好。

进度控制：

1. 整体进度滞后，主要泥工班组劳动力不足。

2. 凿桩队伍的劳动力也不足，很多桩没有及时跟进。

3. 准备好钢筋班组和木工班组的后续劳动力。尽快使南区正常流水施工，避免出现大面积工作面晒太阳的现象出现。

4. 南区块基坑围护进度要及时跟进。

5. 5 号楼垫层尽快浇掉。

6. 上报 6 月进度计划和工程进度总计划。

其他：

1. 今后三方对于存在的质量问题都要求留下影像资料，用照片说话。

2. 桩机工程已经结束一个月，要求施工单位、监理单位将桩机工程部分的资料完善归档。

3. 南区这边烂桩比较多，要求施工单位将烂桩的编号报监理，同时建档，以便今后检查烂桩处理的质量；同时监理单位也要做监督、检查的工作，并建档。

4. 对于桩偏位的情况整理好，报业主，便于及时和设计沟通。凡有偏位的桩，必须做小应变。

5. 人防材料、防水材料的合格证、型号、价格都要以书面形式上报业主。

记录整理： 许竹　　　　　　　　　　　　　　　　　审核：李燕

纪要发送参会单位：

建设单位	监理单位	施工单位
盖章	盖章	盖章